日本郵政という大罪

〝まやかしの株式上場〟で国民を欺く

嘉悦大学教授
髙橋洋一

ビジネス社

はじめに

親会社の日本郵政と子会社ゆうちょ銀行、かんぽ生命保険の上場がスタートする。テレビでも、上場のコマーシャルが流れているので、ご覧になった方も多いだろう。田舎の一軒家の軒先で、家族とその近隣の人と思われる人々が談笑している。かわいい犬もいる。何のコマーシャルなのか最初はわからないが、やがて「日本郵政とゆうちょ銀行とかんぽ生命保険の３社が上場するって話じゃないですか」というナレーションが入る。終わりのほうで、上場株を販売する証券会社の一覧表が出てくるが、字が細かすぎて社名がわかる人は少ないだろう。

さらに最後に、

「お申込みをご検討の際は、各発行会社が作成する目論見書を取扱証券会社よりお渡しいたしますので、必ずご覧ください。投資に際しては自己判断でお願い申し上げます。

株式は価格の変動等により損失が生じるおそれがあります。詳しくは目論見書をよくお読みください」

という、いつもの断り書きが、アットホームな画像を背景として、とても普通の人には読めないほど小さい字で瞬間的に入って、コマーシャルは終わる。

郵政上場という、どぎつい金儲け話が、ほのぼのしたイメージで伝えられている。

郵政株上場は、株式市場で今年のＩＰＯ（新規公開株）の目玉と期待する向きもあるが、本当に３社は現体制で業績や株価を成長させることができるのか。本書では、それを理解できるように、郵政に関わる歴史を踏まえ書いてみた。

筆者は役人時代に郵政民営化の詳細設計図を書いた。その郵政民営化のキモは、ゆうちょ銀行とかんぽ生命の金融２社の完全民営化によって民有・民営を行うことだった。ところが、民主党は、ゆうちょ銀行とかんぽ生命の株式の一定割合を実質的に政府が保有し続ける方向に転換した。つまり完全民営化を改悪したのだ。これは「官業への逆戻り」である。ちなみに、金融は信用力が重要なので、世界の資本主義国の常識では、危機時の公的管理を除き、政府は株式を保有しない。

その状況のなかで、先進国ではまず見られない「親子上場」である。せめて、金融２社が将来的に完全民営化になるのであればまだマシだが、決してそうではない。先進国から見れば、まるで金融危機で傷み公的管理下に置かれた金融機関そのものである。

それでも、ゆうちょ銀行、かんぽ生命の金融２社の将来収益が期待できれば、まあ良しとしよう。しかし、金融２社の将来は実は明るくない。

というのは、官業では業務自由化もできずに、いずれ行き詰まることがわかっているので、小泉政権時代、完全民営化という枠を嵌めて、それにふさわしい民間経営陣を持ってきた。しかし、民主党政権時代に、「官業への逆戻り」となってしまったので、民間の厳しい競争に耐えられるはずがないからである。

このように、将来の見通しにまったく期待できないのは、たとえばゆうちょ銀行のバランスシートを見れば一目瞭然だ。集めてきた預金の大半を国債で運用している。国債は、同種の条件であれば、最低金利商品である。この運用で長期的に収益を上げられるはずがない。民間銀行では資産の大半が貸付金になっており、それが収益源であるが、ゆうちょ銀行にはそうした手段がないのだ。

それなら、ゆうちょ銀行の業務を自由化して、貸出までやればいいという意見も出てくるだろう。だが、貸出部門でそう簡単には人材を育成できないので、実際上はかなり無理な相談である。

しかも、民間とのイコールフッティング（競争条件平等化）という壁がある。金融業務はリスクを引き受けて収益を上げる。そこで政府からの出資があって、政府が後ろ盾になれば、資金調達コストで民間金融と対等ではない。条件が違うのだから、民間とは競争できない。だから政府出資があるうちは、業務に制限が必要になるわけだ。

こうした理由があるので、金融業務については完全民営化しか道がない。政府の関与という意味では政策金融の道もあるが、ゆうちょ銀行やかんぽ生命の金融2社のような大規模なものは存在し得ないのだ。

要するに、「官業への逆戻り」という前提で、上場しようというのが無理筋なのだ。率直にいえば、金融2社が完全民営化であれば、今は頼りなくても将来に期待ができる。しかし、「官業への逆戻り」では、一体、何を期待することができるだろうか。

2015年秋

髙橋洋一

第1章

日本郵政株を買ってはいけない あまりにもシンプルな理由

民営化から10年、日本郵政の真の実力

第2章

なぜあのとき、郵政民営化が必要だったのか

官から民へ、カネの流れを変えよ！

第3章

ここまでやらなければ郵政民営化は達成できない

目指すは世界に通用する民営郵政グループ

役人の飽くなき執念とプログラミング対決

郵便事業の衰退を救う手は本当にないのか？

第4章

改革の中身から透けて見える政治家の質、官僚のレベル

政治家に必要なたった一つの大事な資質

信念なき政治の犠牲者はいつも国民という哀しい真理

第5章

この国を100年以上蝕み続ける〝お上信仰〟という病

社会閉塞を自ら招く「人民は弱し、官僚は強し」観念

新国立競技場問題も改革退行もおかしなことには必ずワケがある

第1章

日本郵政株を買ってはいけないあまりにもシンプルな理由

日本郵政グループの東証一部上場予定日が決まり、世の中にはそれに期待する雰囲気が日増しに高まっている。だが、ちょっと待ってほしい。本当に今の日本郵政の内情をきちんと理解している人はどれくらいいるのだろうか？　ここでは、郵政民営化の目指すべきところを設計した当事者の視点から、日本郵政の“幻想”と“現実”を冷徹に見ていきたい。

民営化から10年、日本郵政の真の実力

〝株のから騒ぎ〟の始まり

今年、2015年は、かつて国民的な大議論を巻き起こした末に郵政民営化が決定されてから10年という節目の年にあたる。小泉純一郎首相（当時）の強力なリーダーシップの下、2005年に郵政民営化法が成立してからというもの、その後の政権交代によって度重なる方針転換を余儀なくされてきた日本郵政グループは今年、その将来を左右しかねない重要な局面を迎えた。

日本郵政グループ3社の「上場」である。

日本郵政グループは、従業員数約22万人、総資産約300兆円、連結売上高14兆円強を

誇っており、日本のみならず、世界でも最大級の企業グループの一つである。その日本郵政グループのうち3社、つまり日本郵政、ゆうちょ銀行、かんぽ生命保険の東証一部上場予定日が2015年11月4日に決まった。

想定売出価格は日本郵政が1350円、ゆうちょ銀行が1400円、そして、かんぽ生命が2150円。これを元にすると、売出総額は約1兆4000億円にも上るという、1987年のNTT、1998年のNTTドコモ以来の大型上場となる。

株価の値動きに一時期ほどの勢いがないこともあり、当然、金融・証券各社はここぞとばかりに鳴り物入りで顧客獲得競争に血道を上げるだろう。さらにマスコミにおいても「今世紀最大の上場」の見出しが躍るなど、まさに「バブルよ、再び」といった空気感が大勢を占めている。

そこで誰しもが頭に浮かべるのが次のような疑問だろう。

「日本郵政グループ3社の株は、やはり買いか？」

この質問に対し、かつて小泉政権下で「郵政民営化」の制度設計に携わり、日本郵政グループの内実をよく知る筆者は、即座に「Ｎｏ！」と答える。なぜなら、日本郵政グループ3社は、投資対象としての魅力が「ゼロ」に等しいからだ。

もちろん、上場しばらくのあいだは上場フィーバーに引っ張られる形で多くの投資家が飛びつき、3社の株価は一時的に上昇するかもしれない。だが、中長期的には間違いなく株価は下落していく。その理由をこれから見ていこう。

あまりに脆弱な日本郵政グループの収益基盤

そもそも小泉政権時に決定された当初の民営化法では、持株会社の下に郵便、郵便局、銀行、保険という事業形態の異なる4社が位置づけられており、銀行、保険の金融2社については、政府が株式を100%売却する「完全民営化」が想定されていた。

しかし、その後の紆余曲折により、民営化のプロセスは著しい劣化を遂げることになる。日本郵政の下に郵便と郵便局をひとくくりにした「日本郵便」をつくり、「ゆうちょ銀行」「かんぽ生命」とともにぶら下げる3分社化体制になったのだ。それだけならまだしも、ゆうちょ銀行とかんぽ生命の株式を政府が持ち続けるという、異常な事態を迎えることになってしまった。

つまり、2012年の民営化法の改正で郵政民営化は「改悪」され、政府が一定の支配

“不完全民営化”へと突き進む日本郵政グループの変容

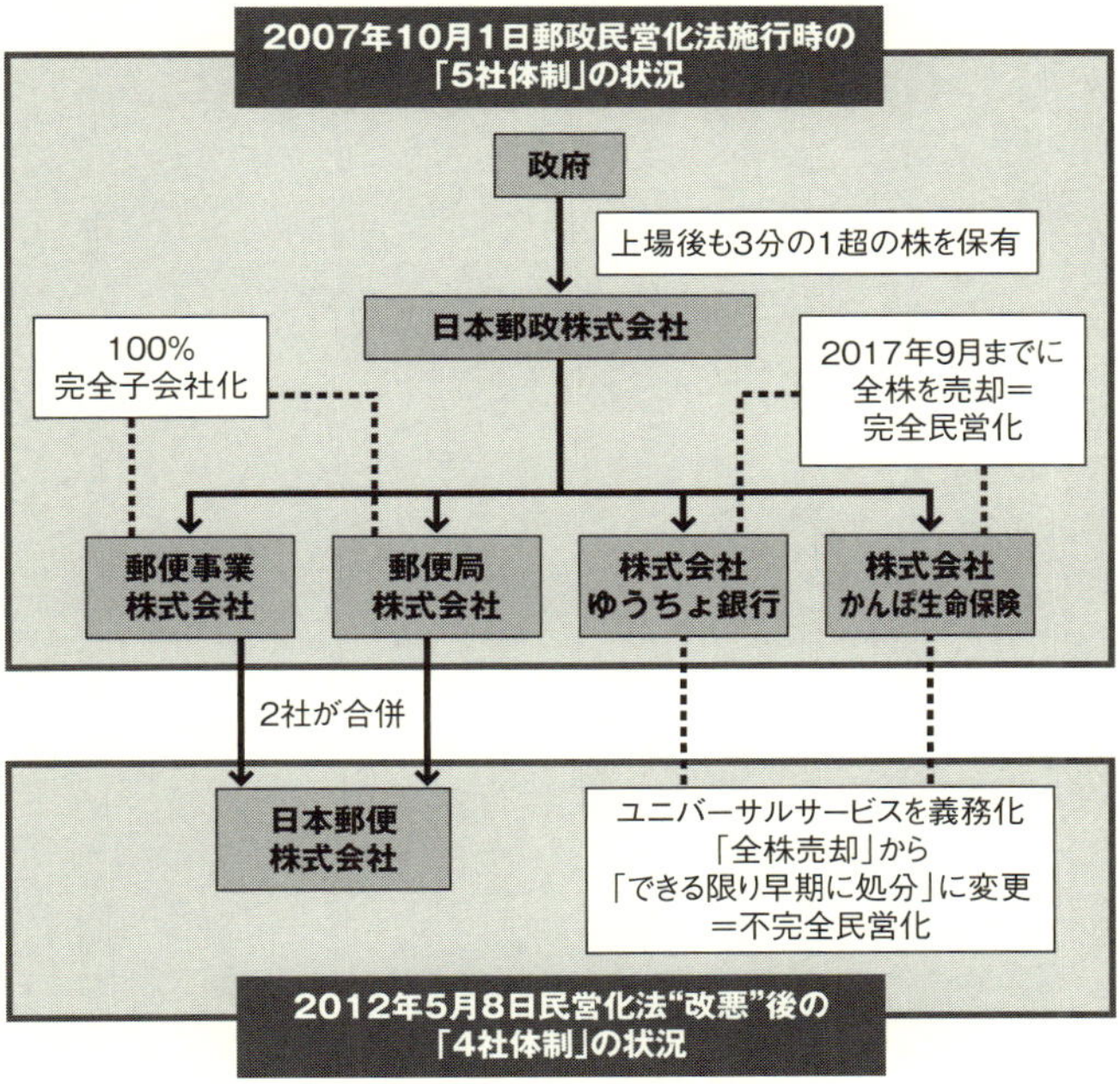

力を維持し続ける「不完全民営化」、極論すれば「再国有化」になり下がってしまったのだ。

さらにいえば、不完全民営化と相まって、日本郵政グループの収益基盤はあまりにも脆弱すぎる。その実態を説明するために、3社のビジネスモデルをそれぞれ見ていきたい。

まずは、ゆうちょ銀行からである。

ゆうちょ銀行は、日本郵政グループ全体の収益の約8割を稼ぎ出している、グループの中核企業だ。その貯金残高は約

178兆円と、都市銀行1位の三菱東京UFJ銀行の約124兆円を大きく引き離している。今回の上場で、ゆうちょ銀行は名実ともに国内最大手の銀行となり、規模だけを見れば、まさに「メガバンク」の様相を呈している。

もっとも、立派なのは図体だけで、その中身は、お世辞にも褒められたものではない。人間にたとえるなら、筋肉がほとんどついていない脂肪だらけのブヨブヨの身体の持ち主といったところだろうか。体つきが大づくりで恰幅が良い人は目立つかもしれないが、高い運動成果は期待できない。ゆうちょ銀行も企業としての存在感はあるが、少なくとも「銀行」としての価値はないに等しいといっていいだろう。

金融業界に馴染みが薄い人は、ゆうちょ銀行のことを、三菱東京UFJ銀行やみずほ銀行、三井住友銀行などと同じメガバンクで、莫大な資金をもとに、高度かつ多角的な金融サービスを提供している企業というイメージを持っているかもしれないが、それは大間違いだ。実はゆうちょ銀行は、「普通の銀行」ではないのである。

ゆうちょ銀行以外の「普通の銀行」がどうやって利益の大半を稼ぎ出しているかというと、企業や個人に対する貸し出し、すなわち融資業務である。預金者から調達した資金を、借りたいと考えている企業や家計に高い金利で貸し出すことにより、支払利息と受取利息

こうも違うゆうちょ銀行とメガバンクの運用方法

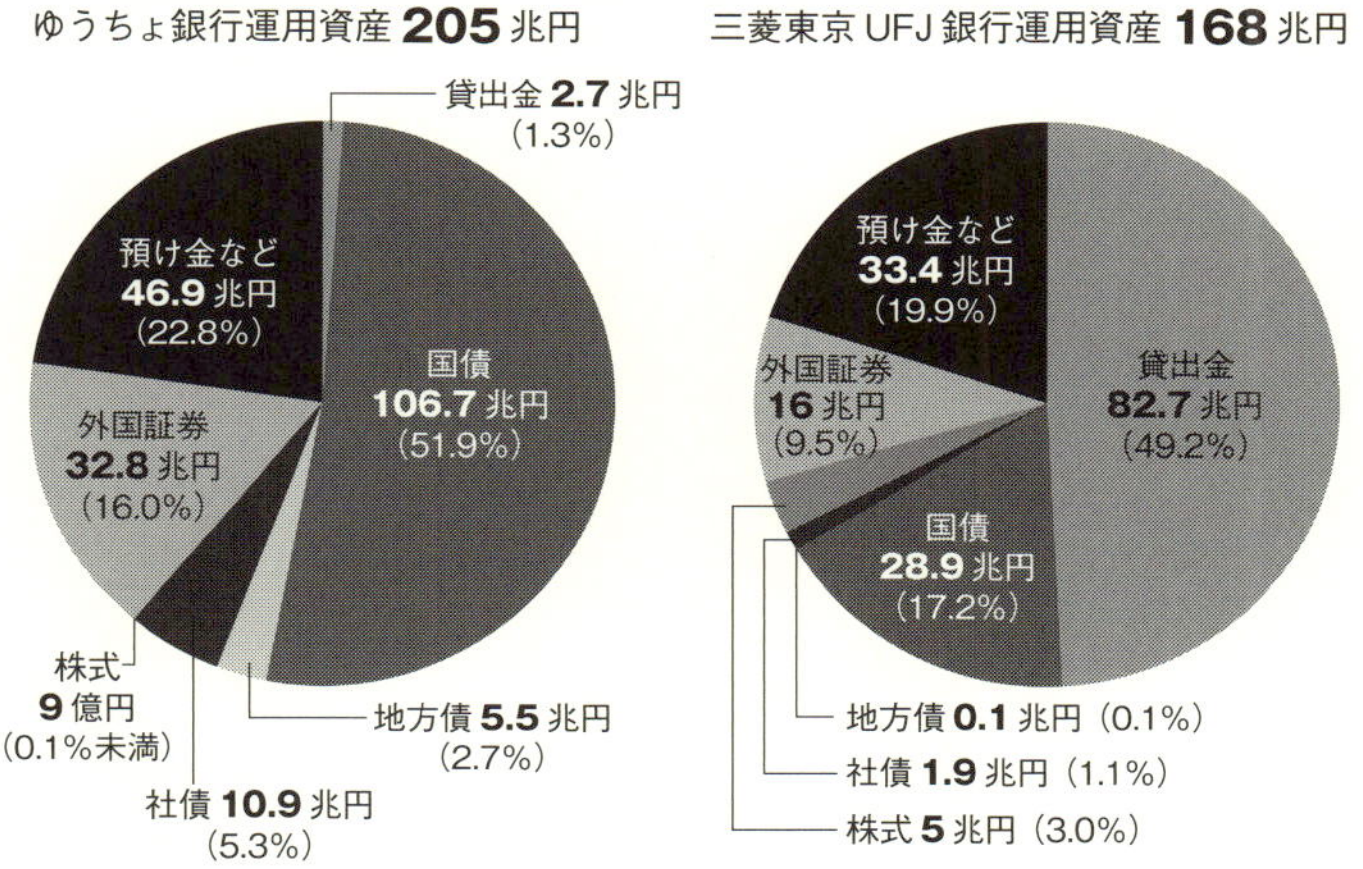

出所：2015年3月期決算資料、全銀協貸借対照表

の差、つまり「利ざや」で収益を生み出している。

ところが、後述するようにゆうちょ銀行はこの融資業務を行っていないどころか、そもそも「再国有化」したので行うことができない。ゆうちょ銀行とその他の銀行の店舗を見ればわかるが、いわゆる「普通の銀行」の店舗は、1階が預金の窓口、2階が融資や住宅ローンの窓口になっていることが多い。

それに対し、ゆうちょ銀行の店舗はそのような形態になっていない。郵便貯金の歴史は後の章で詳しく説明するが、そもそもゆうちょ銀行は、旧郵政省の郵便貯金の受入業務をそのまま引き継いできただけの組織に過ぎず、これまで銀行として融資業務には一切携わってこなかったのだ。

では、ゆうちょ銀行のビジネスモデルは一体どうなっているのか。それはある意味極めて明快で、個人などから集めてきた資金の大半を国債で運用するという単純な構造になっている。実際に、約178兆円の貯金残高に対し、国債を主にした有価証券での運用が約156兆円を占めている。

だが、このビジネスモデルでは、そもそも大きな収益を期待することはできない。なぜなら国債は、あらゆる金融商品のなかで、もっとも金利が低い商品だからだ。いうまでもなく、日本の国債はリスクが低い。金融商品というものは、リスクが低ければ低いほど利回りも低くなる。そのため、資金の大半を国債で運用しているゆうちょ銀行は、手にできる収益がどうしたって限られてくるのだ。

理論上、長期的には収益を生み出さない国債のみの資金運用で、どうやって稼げるというのだろうか。結論を述べてしまえば、構造的に、ゆうちょ銀行が長期にわたって儲けることはできないのである。

実際に、ゆうちょ銀行の業務純益率はこの数年、0・25%程度と低空飛行を続けている。これは、実に地方銀行の半分の水準だ。資金の大半を国債で運用している限り、この構造はいつまで経っても変わらない。収益性を高めるためには、リスクの高い分野、具体的には融資分野などへの参入が必要になってくる。

銀行とは名ばかり、信金にすら程遠いゆうちょ銀行の実情

多くの人は、「それなら、ゆうちょ銀行も融資業務を手がければいいじゃないか」と疑問に思うかもしれないが、話はそう簡単ではない。もちろん、ゆうちょ銀行が「再国有化」せず完全な民間銀行でいたなら、業務の拡大は自由だ。融資業務を手がけてもかまわないし、リスク性の高い金融商品を開発、提供したっていい。

しかし、ゆうちょ銀行は純粋な民間企業とは呼べない存在だ。日本郵政の子会社の一つであり、その日本郵政の株式は、現在の郵政民営化法では国が3分の1以上の株式を保有することになっている。しかも、ゆうちょ銀行の株は日本郵政が当面50％程度持ち続け、前述したように、日本郵政の株式は国が持ち続けるという二重構造になっている。

また、ゆうちょ銀行の株に関しては、「その全部を処分することを目指し、できる限り早期に処分する」と法律に記されているが、完全売却の期限は設定されていない。日本郵

政が、保有するゆうちょ銀行株のすべてを売却すれば、ゆうちょ銀行もいつかは完全な民間企業になるが、それまでには相当の期間を必要とするだろうし、その間もゆうちょ銀行は、政府が大株主である日本郵政傘下の一企業にすぎないため、不完全な民間企業としてサービスを展開していくことを余儀なくされる。

その反面、政府のような公的主体が間接的に支配している限り、ゆうちょ銀行の貯金には事実上の政府保証がついていると見られるだろう。そのため、ゆうちょ銀行に業務の拡大を許すと、必然的に、ゆうちょ銀行へ個人や家計の資金がシフトし、民間金融機関の経営を圧迫する恐れがある。このような官業による民業圧迫の可能性が排除できないため、監督官庁の金融庁及び総務省は、ゆうちょ銀行の新規業務への参入を今のところ認可していない。当然、民間の金融機関も、ゆうちょ銀行の肥大化阻止に向けて強い反対の意を表明している。

このように、政府の後ろ盾があると、調達コストが有利になるのが明確なため、先進国では、金融業務において政府が株を保有するのは、金融危機で破綻した金融機関か、業務が制限的で規模の小さな政策金融機関しかない。

となると、事実上、ゆうちょ銀行は融資業務に参入できず、仮に業務拡大を目論んだとしても、それは不完全なものに留まってしまうことになる。上場したからといって、ゆうちょ銀行は、銀行が本来果たすべき融資業務が担えない銀行であるがゆえに、そこに、まともな金融機関としての価値は見出せないのである。そのうち経営的に行き詰まり、投資家からも背を向けられるのは火を見るより明らかだ。

では、政府が日本郵政の株式をすべて売却し、日本郵政が完全な民間企業になったとしたらどうだろうか。政府保証という一種の呪縛から解放されたゆうちょ銀行は、金融市場という名の大海原に胸を張って漕ぎ出すことができるようになる。民間の銀行と同じ立場に立つため、その他の民間金融機関もゆうちょ銀行の新たな船出、すなわち業務拡大には反対できない。

とはいえ、もし融資業務に参入できるようになったとしても、ゆうちょ銀行の前に待ちかまえているのは、凄まじい荒波だ。船体が大きいだけに、大波に煽《あお》られたからといってすぐに沈没することはないだろうが、押し寄せてくる荒波に行く手を阻まれ、ほとんど前に進めないはずである。

なぜなら、ゆうちょ銀行が参入したがっている融資業務には、信用審査や債権管理で極めて高度なスキルと知見が必要になるからだ。そのスキルを持った人材がいない――厳しい言い方をすれば〝ど素人集団〟の――ゆうちょ銀行が融資の分野へ参入したところで、実績をほとんど挙げられないことは明白である。

誰でも失敗を繰り返しながら少しずつ経験を積んでいけば、それなりの仕事ができるようになるという考え方もあるが、信用審査及び債権管理のスキルとノウハウは、そう簡単には確立できない。長期にわたる実績の積み重ねによって構築される、情報と信頼の集積が必要になるからだ。それを担える人材の育成と組織体制の確立には、少なくとも10～20年はかかると思ったほうがいいだろう。

そもそも日本には、すでに融資のプロフェッショナルたる金融機関が数多く存在している。メガバンクはもちろんのこと、地方銀行や第二地方銀行、信用金庫などが、それぞれ質の高い金融サービスを提供しながら、熾烈な競争を繰り広げている。そこへ、ど素人のゆうちょ銀行が参入したらどうなるか。金融市場に混乱をもたらすだけである。

前述したように、ゆうちょ銀行は規模だけを見ればメガバンクである。しかし、三菱東京UFJ銀行をはじめとする「真」のメガバンクがメガバンクたる所以《ゆえん》は、実はグローバルな業務展開にある。金融に限らずどの業種でもそうだが、今や国内需要は頭打ち。となると成長センターであるアジアなど、世界に活路を求めざるを得ない。

しかし、一体ゆうちょ銀行に海外の支店があるだろうか？　実は今のところ、1店舗も存在しない。

メガバンクどころか、地方銀行のなかにも海外支店を構えている銀行が少なくないことを考えると、現在のゆうちょ銀行は地方銀行の足元にも及ばないレベルで、失礼を承知でいうなら、質的な意味では、せいぜい第二地銀レベルの金融機関であろう。その第二地銀ですら融資業務で地域経済に貢献していることを考えると、もしかすると第二地銀にも及ばない銀行といえるかもしれない。

仮に、地方の小さな信用金庫が上場したとして、その株に魅力を感じるだろうか？　少なくとも、地域金融機関としてはいいかもしれないが、全国展開をする金融機関としては、筆者は魅力を感じない。

社名が物語る「かんぽ生命」のお寒い現実

世界最大の保険会社がどこか知っているだろうか？　アクサグループでも日本生命でもなく、実は、日本郵政グループのかんぽ生命である。その総資産は約85兆円に達し、保険料等収入は6兆円近い。

このように、かんぽ生命も見た目はたいそう立派だが、政府が大株主である日本郵政傘下の一企業にすぎないという点で、ゆうちょ銀行とまったく同じ立場に立たされている。つまり、かんぽ生命も「普通の生命保険会社」とは、まったくもっていえないのである。

少しややこしい話になるが、生命保険の仕組みについて簡単に説明しておこう。生命保険は、契約者から支払われた保険料を運用し、保険数理を駆使して保険金や満期金を契約者に支払っている。保険金の部分が多い商品は「保障重視型」の商品で、満期金が多い商品は「貯蓄重視型」の商品といわれる。また、保障期間によっても二つに分けることができ、保険金を支払う期間が決まっている「定期保険」と、一生涯を保障する「終身保険」の2種類がある。

定期保険の場合、保険料はたいてい掛け捨てになる。そのため、貯蓄性はほとんど期待できないが、その分、少ない掛金で大きな保障が得られる。ただ契約更新時には、その時点の年齢の保険料が適用されるため、若いうちに契約すれば保険料は安いが、年齢が上がるにつれて掛金がどんどん高くなっていく。また、一生涯死亡保障がある終身保険も、保障性が高い商品に属する。

一方、かんぽ生命の主力商品といえば、養老保険と学資保険である。たとえば養老保険は、定期保険と積立預金を組み合わせたような商品だが、そこに一般の保険会社が提供している定期保険のような保険性は希薄で、極めて貯蓄性が高い商品だ。保険期間中は保険金、満期が来たら満期金が受け取れる仕組みになっており、満期金は死亡保険金に等しいのが特徴である。

このような商品性から、養老保険は保障性と貯蓄性を併せ持つ商品といわれているわけだが、むしろ期間が経過するにつれて、保障性がどんどん低下していく商品といったほうがより正しい言い方になるだろう。いわば、投資信託に若干の保険を付与したような商品性を持っていることから、「保険という薄皮で公社債投資信託を包んだ商品」と揶揄されることもあるほどだ。

以前までは、ゆうちょで預金限度額が上限に達した顧客に養老保険が勧められていたが、その商品性が公社債投資信託と似通っていることが知れ渡るにつれて、顧客離れに歯止めがかからない状態に陥ってしまっているというのが実情だ。

対照的に、かんぽ生命以外の民間生保の主力商品は、保障性が高い掛け捨て型の保険だ。その理由を端的にいえば、掛け捨て型のほうが儲かるからである。同じ保険会社なのに、

国内最多だが減り続けるかんぽ生命の契約件数

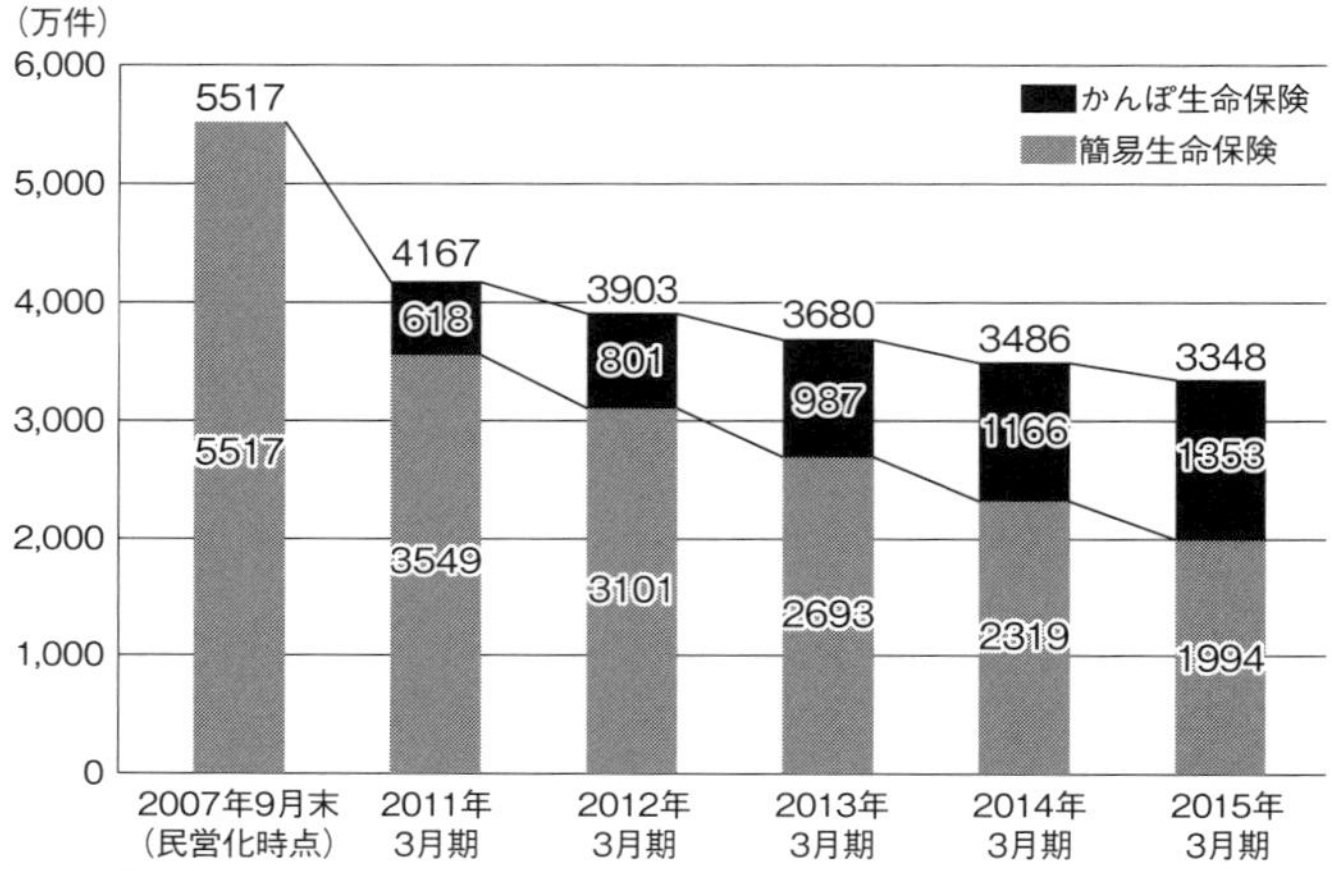

出所：各期決算報告書

なぜかんぽ生命とその他の民間生保の商品性に大きな違いがあるかというと、かつての簡易保険は、資産運用面で大きな優位性を持っており、保障性の高い分野（儲かる分野）に参入する必要がなかったためだ。

詳しくは後述するが、簡単にいえば、簡易保険の資金が、政府の財政投融資（財投）システムに組み込まれていたおかげである。そのため、市場金利とかい離した優位性の高い商品によって、資金を集めることができていた。ところが、90年代後半からの財投改革の結果、簡易保険は収益源を失うことになってしまった。これは、郵便貯金とまったく同じ構造である。

かんぽ生命のビジネスモデルは、資産の大

やはり国債頼りとなるかんぽ生命の資産運用

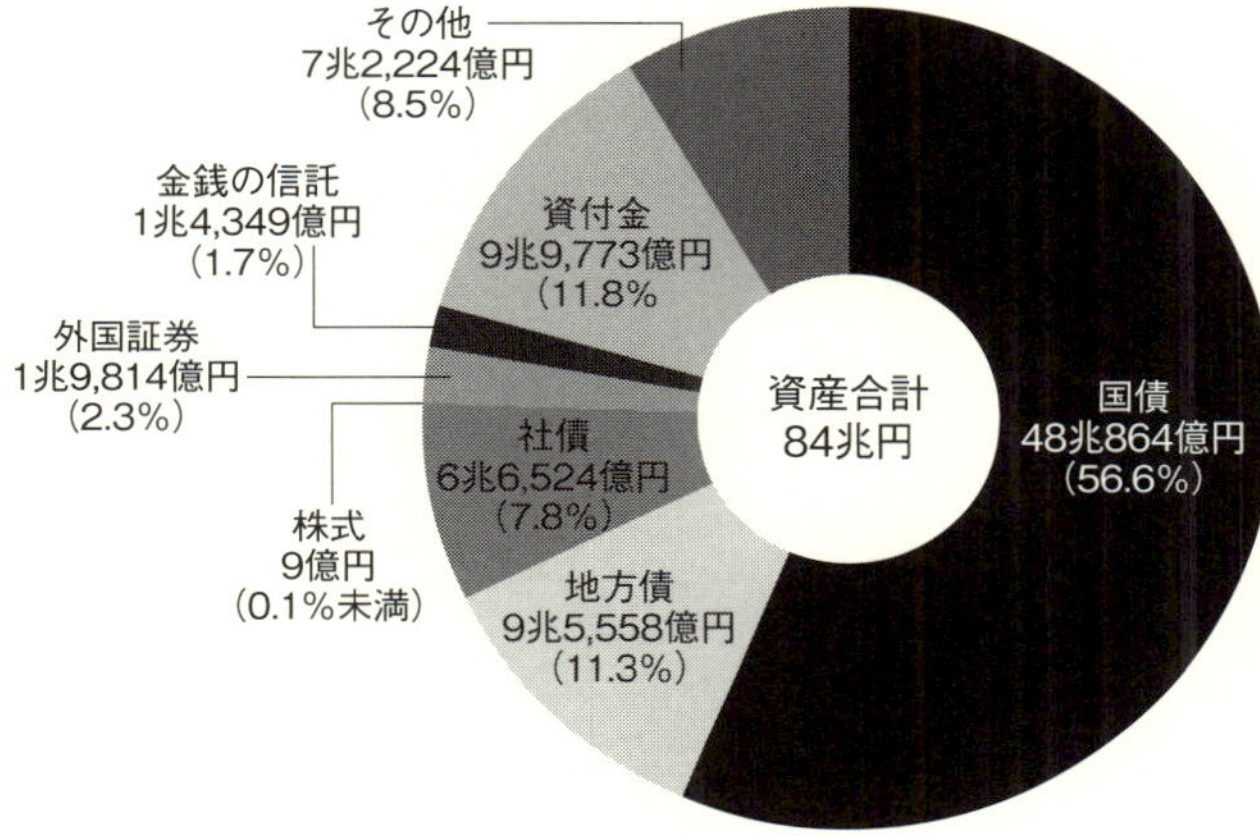

出所：2015年3月期決算資料

半を国債をはじめとしたリスク性の低い商品で運用している点で、ゆうちょ銀行のそれとほとんど変わらない。金融商品のなかで利回りが最も低い国債でどれだけ運用したところで、まともに収益を上げられるはずがないことは、ゆうちょ銀行の項でも説明した通りである。実際に、かんぽ生命の総資産経常利益率は０・５％程度にすぎず、その他の生命保険会社の半分の水準にとどまっている。

今の状態よりも収益を高めようと思えば、最低金利の国債による運用を減らし、リスクを取る運用をしなければならないことは明白である。具体的には、「普通の生命保険会社」が提供しているような保障性が高い掛け捨て保険の分野、たとえば、がん保険に代表される医療保障ニーズなどに対応できる生命保険事業を展開すべきなのだ。

そもそも生命保険という商品は、保険数理に基づいた保障と国債などの有価証券等への資産運用を組み合わせた商品である。保険が保険たる所以は、その保障性にあるといっても過言ではない。ましてや、財投改革により資産運用面での優位性が失われたかんぽ生命は、これまでのような貯蓄性商品に依存する経営ができなくなっており、経営的に大きな苦境に立たされている。

ゆうちょ銀行の項でも説明した通り、〝暗黙の政府保証〟という呪縛から解放されれば、かんぽ生命も自由な経営が可能になるが、そもそもかんぽ生命は、保障性の高い分野で保険事業を展開する能力を持っておらず、商品開発能力が著しく欠如していることが致命的である。実はこのことは、社名を見れば一目瞭然である。

筆者がわざわざ説明するまでもないが、社名に冠した「かんぽ」とは「簡易保険」を略した言葉である。これには、二つの意味がある。一つは「審査が簡易」、つまり簡単な審査で保険に加入できるという文字通りの意味で、契約を申し込む際に、被保険者の健康状態に関して医師による診査を必要としない。そのため簡易な手続きで加入できるうえ、職業による加入制限もない。

これは裏を返せば、かんぽ生命は「保険の技術を持っていない」ということを、社名で自ら広くアピールしながら歩いているようなものだ。医療保険やがん保険のサービスの開発・提供には、高度な保険技術が必要になるが、その実績とノウハウを持っていないかんぽに、当面それは不可能である。だからこそ、「簡易な保険」事業しか営んでいないのだ。これが二つ目の意味である。

大手生保のがん保険チームを丸ごとヘッドハンティングしてくるといった荒技を使えば、医療保障分野の新商品を開発することは可能になるかもしれないが、仮にそれが実現できたとしても、かんぽ生命が他の民間生保会社との激しい競争に勝てる保証はまったくない。

日本人の保険好きはつとに有名だが、それは逆にいえば、日本市場における生保会社間の競争がそれだけ激しいことを意味している。しかもその競争は、外資系の参入によってさらに激しさを増している。暗黙の政府保証がついたかんぽ生命はそもそも競争の舞台に立つことすら許されないし、仮に新商品を開発できるようになったとしても、これまでの経験値の低さから見て、激しい競争に勝てる見込みは極めて薄いのだ。

商品開発能力を「持てない」「持たない」かんぽに保険会社としての魅力は一切なく、上場したからといって、それだけで企業の価値・能力が上昇するとは考えられない。したがって、その株式に魅力がないことはいわずもがななのである。

ジリ貧の一途を辿る郵便事業

ゆうちょ銀行もかんぽ生命も前途多難だ。だからこそ、この金融2社は小泉政権で完全民営化して、発展の可能性を広げたのに、民主党政権での再国有化でその道を閉ざしてしまった。これでは、まるで金融2社は手足を縛られたまま泳げというようなものだ。

さらに、日本郵政グループの一社である日本郵便（今回は非上場）による郵便事業は、それ以上に厳しい状況に立たされている。そう遠くない将来に、郵便事業がジリ貧に陥るであろうことは、筆者がわざわざ説明するまでもなく、誰の目にも明らかだ（否、既に陥っているといえるかもしれない）。

そもそも最近、手紙を書いた記憶があるだろうか？

この十数年で通信手段が大きく変化し、携帯電話や電子メールが急速に普及した。一般の人で、主たる連絡・通信手段として郵便を使っている人はほとんどいないに違いない。筆者だって、そうだ。郵便事業は、この点から見ても苦しい。

減り続ける郵便物という現実

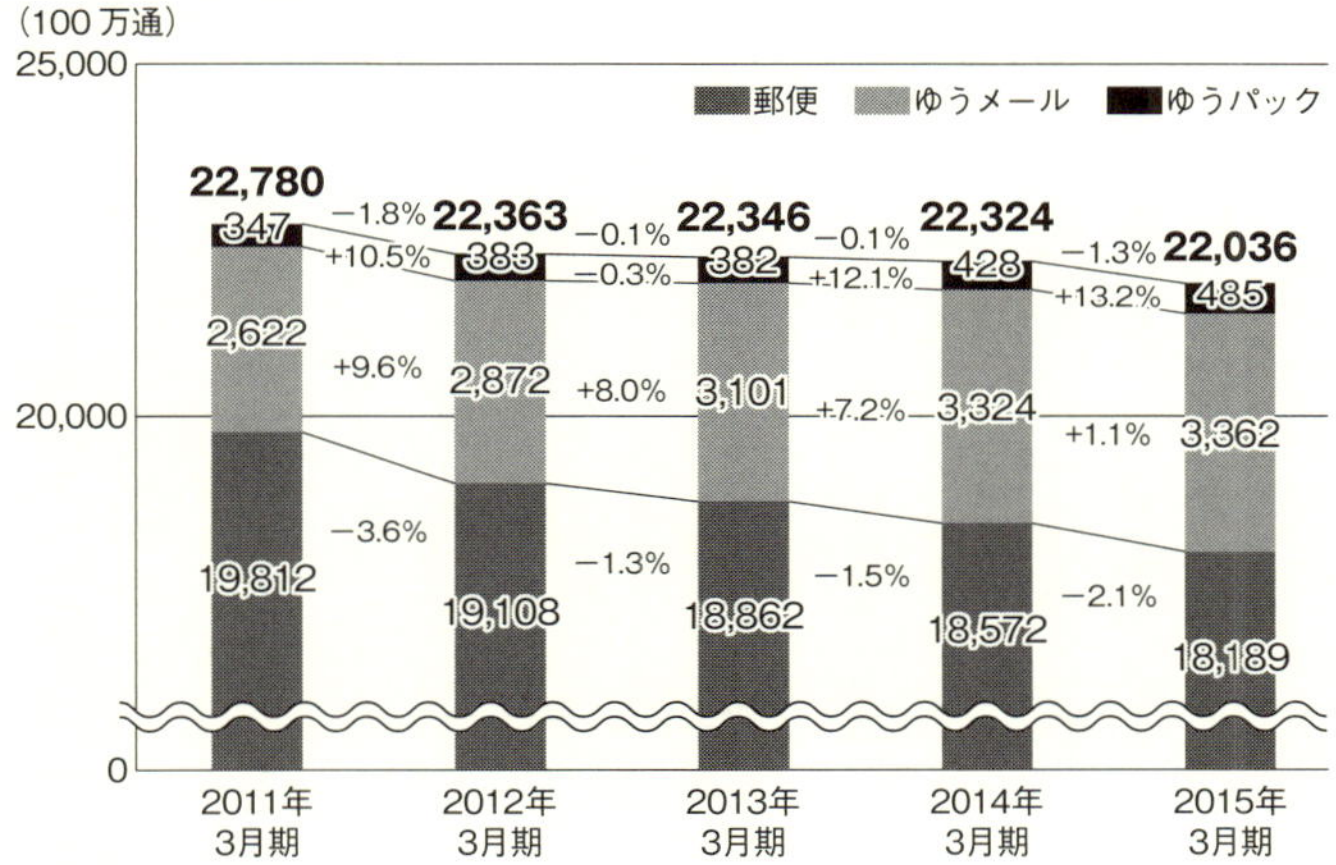

※ゆうパックには、エクスパックを含む
出所：2015年3月期決算資料

アメリカに留学した際に目の当たりにしたが、欧米では個人の商取引や買い物でも決裁に小切手が使われることがあり、それが郵送されるケースも多いが、日本ではそうした需要はない。実際に、手紙・はがきなどの郵便物は、毎年3〜4％のペースで減少してきている。郵便物数の減少はそのまま日本郵政の収入減少につながるため、たとえ上場したところで経営の先行きは不透明である。

かろうじて年賀状の習慣だけは廃れていないが、その年賀状ですらインターネットのグリーティングカードなどで代用する人が増えており、紙ベースの年賀状の発行枚数は速いペースで減少の一途を辿っている。

減り続ける年賀葉書の発行枚数

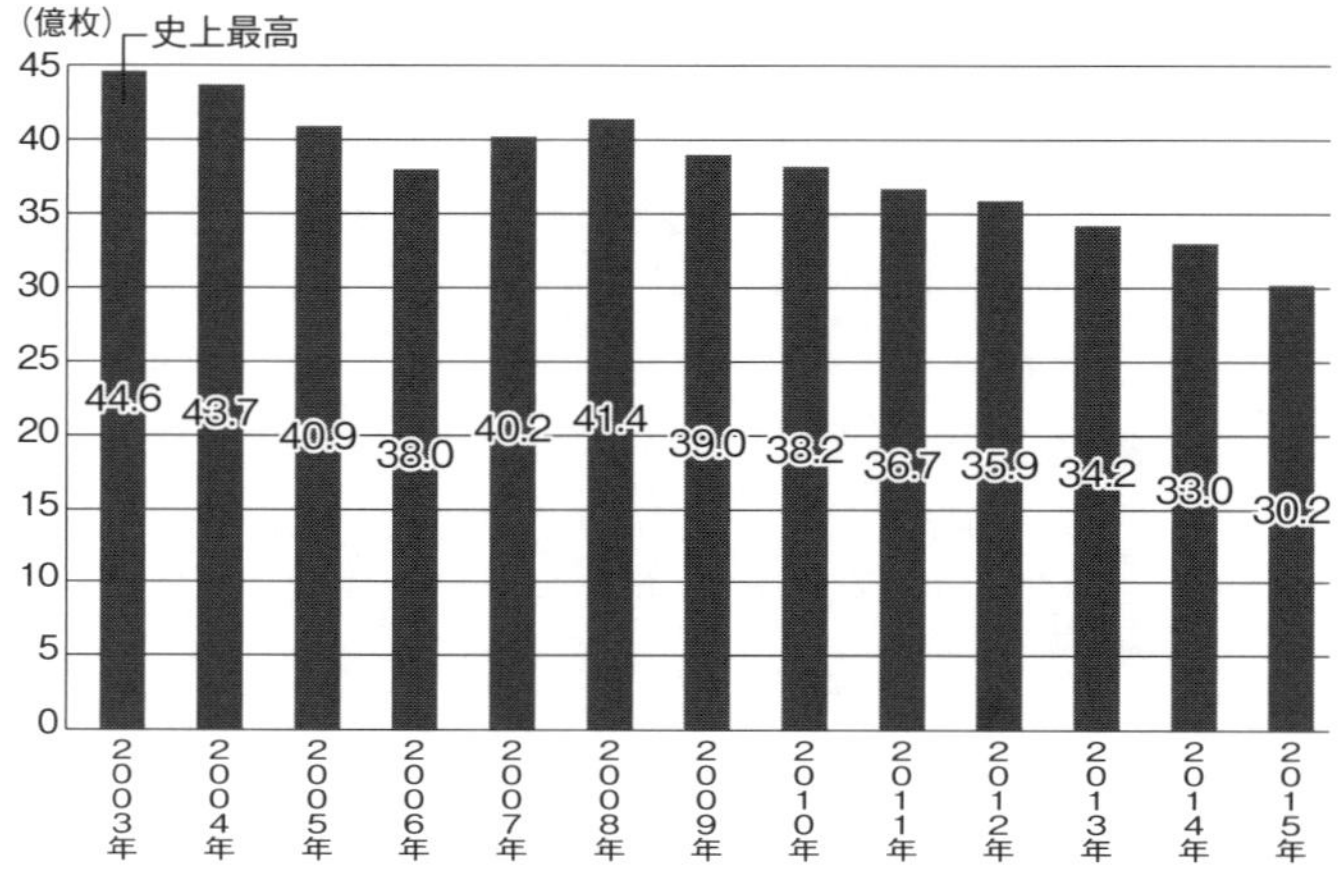

※2015年のみ当初発行予定枚数
出所：各年の日本郵便プレスリリース等

年賀状が日本から消えてなくなることはないだろうが、多くの人々にとって、１年を通して自宅に届けられる郵便物は、年賀状か企業からのダイレクトメールだけというケースが少なくないのではないだろうか。その営業用のダイレクトメールですら、どんどんインターネットに置き換わっているというのが現実だ。

実際に、２０１２年３月期決算まで、日本郵便の郵便事業は赤字が続いていた。２０１３年３月期決算でようやく黒字に転換したが、その主な要因はコスト削減や一時金の削減などによるものだ。以来、決算上は黒字が続いているものの、現実的には減収傾向が続いており、不採算部門の合理化や賃金抑制で、なんとか利益を出しているような状態である。

一般の人でも簡単にイメージできると思うが、そもそも郵便事業は大きく儲かるビジネスではない。今のままでは郵便事業はキープすることすら難しく、はっきりいってしまえば、「いつまでもつか」という世界だ。

伝統文化としての価値しか見出せない年賀状と、企業からのダイレクトメールだけで（これらすら減少しているが）、20万人近い社員の給料をどうやって賄っていくというのか。日本郵便の強みといえば、窓口（ポストも含む）の多さと送料の安さ、僻地などへも早く郵便物を届けられる点だが、安い送料と人件費のバランスを取るのは難しく、業績を劇的に改善させることは極めて困難だ。

もちろん、日本郵便が展開している事業は郵便事業だけではなく、宅配便事業も営んでいる。しかし、その分野ではヤマト運輸と佐川急便が圧倒的に強く、2社で国内シェアの8割を占めている。日本郵便のシェアは1割強で、この数字は以前より伸びていることは確かだが、それは日本通運のペリカン便と統合した結果によるもので、日本郵便が自力でシェアを奪ったわけではないのだ。

宅配便のシェアは民間に遠く及ばず

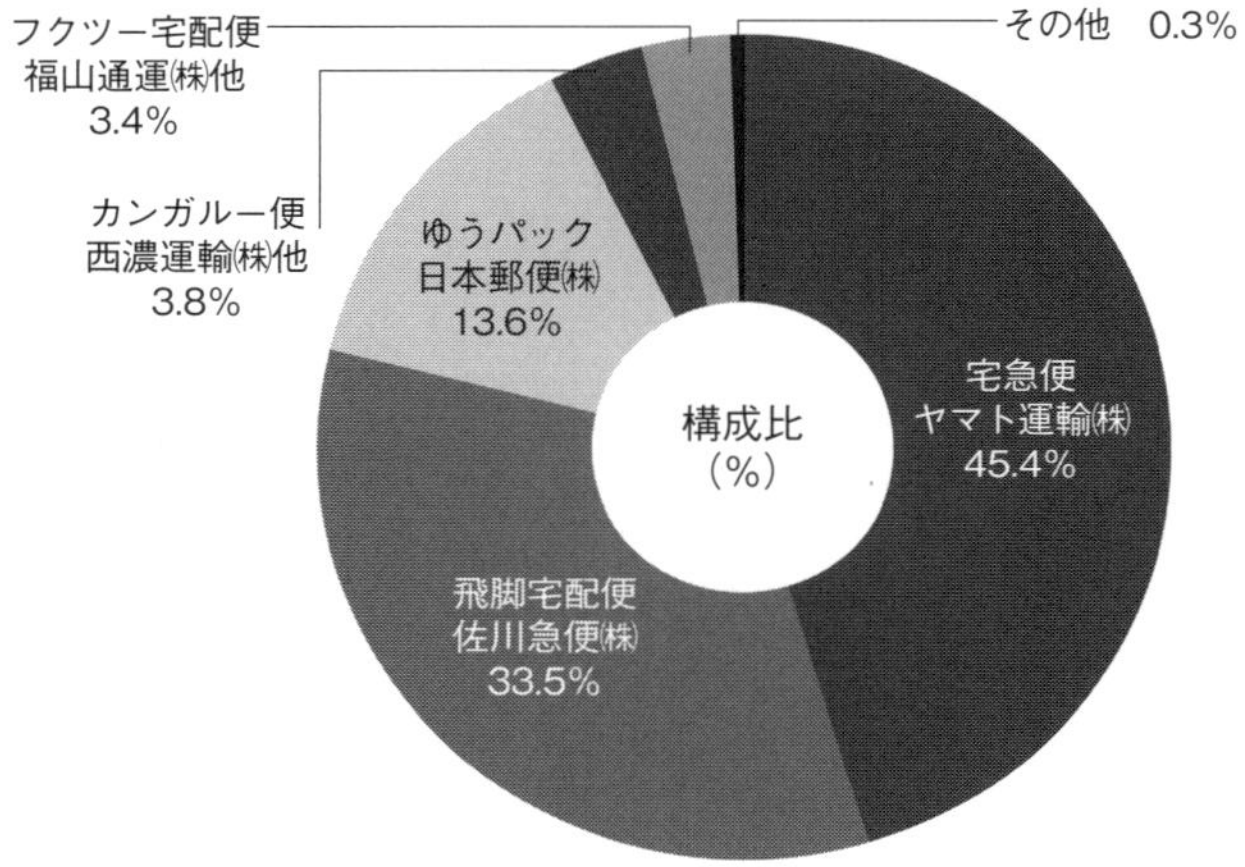

出所：2014年度 宅配便（トラック）取扱個数（国土交通省調べ）

見せかけだけの外資買収

郵便事業が日本で成り立たなくなりつつあるからか、日本郵政は先日、オーストラリアの物流大手、トール・ホールディングスを買収した。世界50カ国以上で物流事業を展開する同社を傘下に収めることで、グローバルなロジスティクス（物流）企業へ脱皮、あるいは、そのイメージを定着させることを狙っているのかもしれないが、はっきりいって筆者は、国内事業の劣勢を海外業務で挽回できるほど甘くないと考える。

この買収を、日本郵政と同じようにかつて民営化されたドイツポストによるＤＨＬ買収と比較する向きが多い。メディアのなかには、ドイツポストのDHL買収を高く評価しているところもあるようだが、筆者からすれば、「たまたまタイミングが良いときに買えた」くらいにしか考えていない。単に、それだけの話だ。

では、日本郵政によるトール社買収はどうだろうか。買収金額は、なんと6200億円（！）で、これは市場価格の1・5倍の金額といわれる。

日本郵政グループが2015年4月に発表した「中期経営計画」を読むと、2015年から2017年までの3年間で、新規投資に8000億円を投入する旨が記されているが、この買収により、その約8割を既に使ってしまったことになる。はっきりいって〝高すぎる買い物〟である。

この事例を見る限り、日本郵政には企業としてのガバナンスが著しく欠如しているといわざるを得ない。日本郵政が純粋な民間企業だったとしたら、ステークホルダーからの猛反発に遭い、おそらくこの買収は実現しなかったのではないだろうか。

このガバナンスの欠如は、今後さらに拡大していく可能性が高い。その理由は、日本郵政が再国有化された、いわば「準国有企業」だからだ。準国有企業では、経営のチェック機能があいまいになる恐れがある。純粋な国営企業なら政府や監督官庁が目を光らせることができ、純粋な民間企業なら株主が経営をチェックすることができる。

しかし、日本郵政はそのどちらにも該当しない。国営でも民間でもないあいまいな状態ではガバナンスが利きにくく、いったん暴走を始めると、それにストップをかける者がいなくなる事態が充分に想定されるのだ。

もちろん企業買収は日本郵政（政府？）の勝手だが、そもそも日本郵便も、ゆうちょ銀行やかんぽ生命と似たような理由で、自由な業務拡大には障壁がある。その制約がある以上、どれだけ企業を買い集めてきても、それを活かすことは難しいだろう。

はっきりいってしまえば、日本郵便によるトール社の買収は、株式上場対策にほかならないのではないだろうか。儲かる企業と見なされにくい傘下の日本郵便を、トール社を買収することによって「化粧」を施すことで、内外の投資家にアピールするというパフォーマンス以上の意味が見出せないというのが正直なところである。

人間が必要以上に自分を大きく見せかけようとするとき、その裏には必ず、劣等感や自信のなさが潜んでいるものだ。日本郵便によるトール社買収も、それと同じではないだろうか。「国内で競争に勝つ見込みは薄いので、海外に活路を求めるような感じで、とりあえず見栄を張ってみました」ということを、自ら認めてしまったようなものである。

翼をもがれた経営者

詳しくは後述するが、郵便、ゆうちょ、かんぽの3事業は、民営化以前からいずれ行き詰まることが目に見えていた。にもかかわらず、なぜ経営することができていたかというと、政府の財投システムのおかげである。いわゆる「ミルク補給」、端的にいえば会計テクニックで政府の補助金を迂回させてもらっていたためだ。

ところが、筆者も深く携わった1990年代後半からの財投改革で、こうした「ミルク補給」が絶たれた。その結果、3事業は十数年後に「自ずと破綻する」という見解が大勢を占めるようになった。

そこで、2001年からの小泉純一郎政権で郵政民営化が提唱され、2005年のいわゆる「郵政選挙」を経て、郵政民営化が決定された。当時の郵政民営化の本質は、郵便事業と郵貯事業、簡保事業をそれぞれ独立させ、金融2社を完全民営化するとともに、民間経営によって抜本的に改革し自立させていくというものである。これにより、財投改革で死亡宣告されていた郵政3事業は、再生する機会を与えられたわけだ。

このチャンスをものにできるかどうかは、当然、民営化された郵政を上手に経営できるか否かにかかっていた。

2003年に日本郵政公社が発足した際には、初代総裁として元商船三井会長の生田正治《いくたまさはる》氏を招聘。さらに2006年に二代目総裁（翌年から日本郵政株式会社の初代社長）として元三井住友フィナンシャルグループ社長で「ラストバンカー」と呼ばれた西川善文《にしかわよしふみ》氏をはじめ、民間から数十人のプロ人材が集められたことで、郵政の生き残りへの期待が膨らんだ。筆者自身も、民営化によって郵政の経営状態が劇的に改善することはないにせよ、少なくとも「生き残る」ことはできるだろうと踏んでいた。

しかし、2009年に政権の座についた民主党は、郵政民営化を劣化させてしまった。まず、金融2社の完全民営化を反故《ほご》にしたことである。と同時に、民間のプロ人材を郵政から追い出し、代わりに、斎藤次郎元大蔵事務次官などの天下り官僚を起用したのだ。

自民党が政権に返り咲くと、民間人経営に再び舵を切ったが、西川氏らの追い出し騒動に懲りたのか、人材がなかなか集まってこない状況が続いた。その結果、主要ポストを元官僚が占める、元役人の集合体が民営化会社を経営しているという状態に陥っているのである。

考えてみれば、人材が集まりにくいのは当然のことだ。２０１２年に改正民営化法が成立したが、前項で述べたように、今回の郵政３社の上場は、小泉政権時に想定されていた完全民営化ではまったくない。

ゆうちょ銀行もかんぽ生命も、事実上、政府の管理下に置かれている企業であり、実態は「準国有企業」である。自由な業務拡大が許されない日本郵政グループ３社では、どれほど経営手腕が優れている人物がトップに立ったとしても、その辣腕をふるうことは難しい。たとえるなら、翼をもがれたような状態で大空へ飛び立つことを要求されているようなものだ。

２０１５年5月、ゆうちょ銀行のトップに、旧日本興業銀行を経て、富士重工業副社長、シティバンク銀行会長を歴任した長門《ながと》正貢《まさつぐ》氏が就任した。こういう言い方は語弊があるかもしれないが、筆者は長門氏を気の毒に思う。長門氏は、おそらく民間の経営者としては有能な人物なのだろう。

しかし、彼が舵取りを任されたゆうちょ銀行は、「普通の銀行」ではない。彼が指揮することになる社員はほとんどが元役人だろうし、おまけに運用の経験がゼロに等しい素人ばかりの集団だ。そんな場所へ一人で乗り込んでいっても、何かできるとはとうてい思えない。たとえ松下幸之助やスティーブ・ジョブズ、ジャック・ウェルチがトップの座についたとしても、結果が大きく変わることはないだろう。

前述の日本郵政初代社長に就任した西川善文氏にはそれがよくわかっていたのか、有能な人材を何十人も引き連れて、郵政の民営化を推し進めようとしていた。振り返ってみると、このときの郵政は、非常に魅力的だった。なかには、西川氏の情熱に感化されて、世界屈指のコンサルティングファームであるマッキンゼーを退職して、郵政に入社した人物もいた。それくらいの意気込みと覚悟がなければ、郵政の〝お役所体質〟を変えることなどできはしない。

小泉政権時の完全民営化による民間人経営ならば、日本郵政の株には買う価値があるかもしれないが、〝民主党が推し進めたような経営センスなき元官僚が主要ポストを占める〟元役人式放漫経営〟なら、その株に買う価値はほとんどないと考える。今の郵政がどちらに近いかといえば、形式的には民間人がトップに立っているが、その実態はとても民間人経営とは呼べない代物だ。しかも、その最大株主は日本政府である。

政府が経営に関与し続ける限り、今後も日本郵政グループのトップ人事は迷走を続けるに違いない。しかし、誰がトップに立ったとしても、不完全な業務拡大しか許されない企業では、「翼をもがれた鳥」として、その任を全うすることを余儀なくされる。

翼をもがれた鳥は、それでもなんとか飛び立とうと地面の上で必死にもがこうとするが、どれだけがんばっても「跳躍」する素振りしかできず、決して「飛躍」することはできない。何しろ飛ぶための翼を持っていないのだから。

内輪のロジック優先の「親子上場」という愚

「復興費用ねん出」の裏側にあるもの

今回の日本郵政グループ3社の上場の形態は、「親子同時上場」である。詳しくは次の項で触れるが、親子上場は日本では珍しくないとはいえ、世界的には極めて異例で、その同時上場となると、おそらく前例がない。なぜ親会社と子会社の株式を同時に売ることになったのか。その経緯はこうだ。

2007年に施行された当初の郵政民営化法では、政府が100%保有する日本郵政の株式の3分の1超は政府が保有するが、残りの株式はできるだけ早期に売却することが定められていた。その後、民主党が政権の座についてから「郵政株式売却凍結法」が成立し、売却の動きはいったんストップしたかに見えたが、2012年の改正郵政民営化法の成立によって郵政株式売却凍結法が廃止され、株式の売却が再び俎上に載せられることになる。

小泉政権時の郵政民営化法では、ゆうちょ銀行、かんぽ生命の金融2社の株式は2017年9月までにすべて売却して完全民営化することが定められていたが、このときの改正により、できるだけ早い時期に売却することが法律の文言に記されたものの、売却期限までは設定されなかったのだ。

要するに、このときに現在の〝不完全民営化〟が決定されたのである。その言いわけとして駆使された論理が、「株式の売却益は、東日本大震災の復興財源に充てる」というものだった。つまり、震災復興の資金として日本郵政株の売却資金を使うという歪んだ論理に基づく決定を下してしまったことが、日本郵政グループ3社の「親子同時上場」という異常な状態を招いてしまった原因なのである。

そもそも、郵政民営化と東日本大震災からの復興には、何も関係がない。両者を強引に結びつける必要性はまったく見当たらないのだ。

もちろん、日本郵政株の売却益が国庫収入になることは事実である。そうであるならば、すべての株を売却したほうが良いに決まっている。本当に震災復興のための財源づくりが目的なのならば、政権交代後に成立させた「郵政株式売却凍結法」を単に廃止して、元の民営化プロセスに復帰させるだけで良かったはずだ。

仮にそうなっていた場合、日本郵政グループには民間企業と同一の競争条件が適用されることになる。「経営」の「け」の字も知らない元官僚が主要ポストについている経営状態では、まともな民間経営ができないことは明らかなため、経営を熟知している民間のプロ人材を主要ポストに配置する必要が生じる。

そうなれば、郵政の将来には大いに期待が持て、株式価値も高まっただろう。投資家の多くも同じように考え、株の買い注文が内外から殺到し、国庫収入はもっと増えたはずである。株価は上昇し、国庫も潤う。つまり、困る人は誰もいない。真に復興を願っているのであれば、そうしたほうが良かったのだ。

そもそも、お金に〝色〟はついていない。その意味では復興に充てる財源は何でも良く、たとえば、国債で賄うのも一つの方法だっただろう。なぜ、「復興財源に充てるために郵政の株式を売却する」といった、一種の「大義名分」を掲げる必要があったのか。

郵政民営化法の「改悪」に裏で糸を引いていたのは、郵便事業と金融事業（銀行、保険）を分断されては困ることになる郵政ファミリー（郵政族など）だ。つまり、彼らが仕組んだ不完全民営化を正当化するために、「復興財源のねん出」という耳触りの良いフレーズが目くらましとして使われたにすぎないのである。

世界基準ではあり得ない「親子上場」という禁じ手

ここまで見てきたように、上場する日本郵政グループ3社はそれぞれビジネスモデルに大きな問題を抱えているが、上場の形態そのものが抱える問題も看過できない。日本郵政、ゆうちょ銀行、かんぽ生命の関係は、日本郵政が「親会社」で、その下にゆうちょ銀行とかんぽ生命の金融2社が「子会社」としてぶら下がる形になっている。このように、親会社と子会社が上場することを「親子上場」といい、上場企業にふさわしくない形態として、欧米などでは批判の対象とされることが多い。

技術的なことをいえば、親子上場を妨げるような法律や自主規制は存在していないため、取引所が認めさえすれば問題にはならない。しかし、道義的には問題ありといわざるを得ないだろう。一般的によくいわれるのは、「利益相反」の問題である。

親会社（日本郵政）はともかくとして、上場子会社（ゆうちょ銀行／かんぽ生命）から見た場合の最大の問題点は、親会社からの独立性だ。子会社（ゆうちょ銀行／かんぽ生命）が上場したとしても、その株式の過半数以上は親会社（日本郵政）が保有しているため、親会社のグループ内戦略次第では、子会社の経営陣やそれ以外の少数株主の意見が子会社の経営に反映されなくなる可能性が高いからである。

また、親子間で取引があった場合、親会社がその優越的な立場を利用して、子会社にとって不利な要求や契約を強要すれば、子会社の少数株主の利益が侵害されることになる。付け加えるならば、先般の東芝不正会計事件のように、親会社の不祥事によって、何の落ち度もない子会社が打撃を被るケースも想定されるのだ（もちろん、逆のケースも考えられる）。

この親子上場は、日本の資本市場にしか見られない特異な慣行である。親子上場のケースはいくつもあり、たとえば、ＮＴＴとＮＴＴドコモ、ソフトバンクとヤフー、セブン・アンド・アイ・ホールディングスとイトーヨーカ堂などのケースが代表的だ（しかし、親子「同時」上場は、おそらく日本郵政が初めてのケースだろう）。日本では珍しくないこの親子上場は、実は、日本以外の先進国では禁じ手とされている。そもそも日本の資本市場は、極めて異質な特徴を持っており、とても先進国とは思えない恥ずかしいレベルに留まっているといわざるを得ない。

それを端的に示したケースとして記憶に新しいのが、先立っての大塚家具の「父娘バトル」だ。筆者も、このときには驚かされた。大塚家具は、上場企業でありながら、まるで同族会社のような株主構成をしていた。日本では、上場は一種の社会ステータスを獲得するために行われることが多く、大塚家具のような事実上の同族会社であっても、上場されるケースが少なくない。

そういう側面もあってか、日本では安定株主が多く、浮動株主が少ない。これは、コーポレートガバナンスを考えるうえでも大きな問題だ。このような歪んだ株主構造では、客観的な財務諸表分析が重視されなくなる危険があり、内輪のロジックが優先されるようになってしまう。

実際に、日本の浮動株主比率は、先進国のなかではかなり低いほうである。アメリカ、イギリス、スイス、オーストラリアなどの市場は、浮動株主比率が9割程度で、開かれた市場になっている。一方、中国などの新興国は、上場していても政府や関連会社が大株主となっており、浮動株主比率は2～4割程度と低くなっている。先進国と新興国を合わせた平均値で見ても、浮動株主比率は7割程度である。日本も7割程度で先進国のなかでは最低ランクだ。

浮動株主が少ないうえに、先進国ではまず考えられない親子上場という点から見れば、日本郵政の親子上場は、日本の資本市場がまだまだ途上国並みのレベルに留まっているということを、わかりやすく示してくれたといえるのかもしれない。

それだけでも問題なのに、日本郵政は途上国でありがちな「政府」が大株主だ。もちろん、最初の上場では仕方ない面もあるが、問題なのは、将来にわたって傘下の金融2社に対しても、政府が実質的に株を保有し続けるという点だ。せめて子会社のゆうちょ銀行とかんぽ生命が将来的に完全民営化するというのであれば、見どころもあるのかもしれないが、政府の関与が続くのであれば、日本郵政グループは破綻した公的管理の金融機関と同じである。今回の3社同時上場は、日本独特のいびつな資本市場に甘えた〝まやかしの上場〟にほかならないことが、おわかりいただけたのではないだろうか。

PayPal(ペイパル)に見る世界の常識

「PayPal(ペイパル)」という企業を知っているだろうか。2015年7月に米ナスダックに再上場したばかりのこの企業は、世界190カ国において、電子決済サービスを提供している。

もともとＰａｙＰａｌはナスダックに上場していたが、2002年に「ｅＢａｙ（イーベイ）」という企業に買収され、子会社になるのと同時に上場廃止となった。ｅＢａｙは、世界最大のインターネットオークション企業であり、ＰａｙＰａｌは、そのｅＢａｙのオークション取引を支える決済サービスを担っていた。親会社であるｅＢａｙも、ナスダックに上場している。もし親子関係を維持したままＰａｙＰａｌがナスダックに上場していれば、それは、郵政3社と同じ「親子上場」ということになる。

しかし、ＰａｙＰａｌはｅＢａｙとの資本関係を解消し、完全な独立企業となって再上場した。このように、親子上場を回避することは、アメリカではごく当たり前に行われていることなのだ。

そもそも投資家にとって、ｅＢａｙの子会社のまま上場したＰａｙＰａｌには、投資対象としての魅力がまったくない。ｅＢａｙのメイン事業であるネットオークションは競争が極めて激しい分野だ。したがって、先行きの見通しは不透明で、ｅＢａｙが企業として今後も伸びていく保証はまったくない。

一方で、ＰａｙＰａｌが提供している電子決済サービスは、ネットオークションだけでなく、さまざまな分野への応用が可能だ。つまり、自由な立場で、多種多様な業種・業界の企業との取引を拡大させることにより、企業として飛躍的に発展していく可能性が残されているのである。

ｅＢａｙの子会社のままでは、業務の拡大に制約が生じる可能性があるうえ、「ｅＢａｙの決済にしか使えないのでは」といったネガティブなイメージもつきまといかねず、子会社であるメリットはないに等しいといっていい。むしろ、デメリットだらけである。だからこそ、ＰａｙＰａｌはｅＢａｙとの資本関係を解消して、独立したのだ。

おそらく、ＰａｙＰａｌが子会社のまま上場していたら、市場からの大ブーイングにさらされ、株価はつかなかっただろう。それが、国際的な資本市場の常識なのだ。先進国のなかで、親子上場のケースが見られるのはロシアなどわずかな例を除けば、日本のみである。このことからも、今回の日本郵政グループ3社の上場の異例さ、ひいては日本の資本市場のおかしさがよくわかるというものである。

第2章

なぜあのとき、郵政民営化が必要だったのか

明治以来140年もの間、郵政システムは国の庇護の下、この国の通信、財政インフラの重要な一翼を担い続けてきた。しかし、あるときから大蔵・財務省と省庁同士の連携を超えて、まるで共犯者のように、日本の資産を食い荒らし始める。その結果、現在に至るまでに累積し続けた負の遺産の解消こそが、郵政改革の最重要ターゲットだった。

郵政、大蔵ベッタリという過ちの始まり

そもそも、なぜ郵便局で銀行業務を行っているのか？

ゆうちょ銀行の「ゆうちょ」とは、文字通り「郵便貯金」を略した言葉である。その歴史は日本の近代化の始まりとほぼ同時、今から１４０年以上前の19世紀後半までさかのぼることができる。では、なぜ、もともと手紙（信書）を配達するために設置された郵便局で、銀行業務を行うようになったのか。まずは、この項では、こうした郵便貯金の歴史、言い換えれば「問題の根源」について簡単に説明しておきたい。

「郵便の父」と呼ばれる前島密《まえじまひそか》の建議によって、郵便制度がスタートしたのは、明治維新直後の１８７１（明治４）年のことだ。そのわずか4年後の１８７５（明治８）年には、

郵便局で早くも貯金業務が開始されている。

なぜ、これほどまでのスピード感で郵貯制度が導入されたのか。それは、明治維新により日本はそれまでの封建社会から近代国家へと踏み出したが、その当時、個人が利用できる金融機関が日本には存在しなかったからだ。しばしば「無類の貯金好き」と揶揄される現代の日本人から見るとちょっと信じがたい話かもしれないが、当時の人々には「貯蓄」という考え方そのものがほとんど定着していなかった。そこで、政府がこの分野で直接事業を行うことによって、日本人に「貯蓄」という思想を普及させ、個人の資金吸収を積極的に進めるという国家目標が掲げられたのである。

その際に、明治政府はイギリスで行われていた郵便貯金事業をお手本にした。すでに郵便事業は全国ネットワークが整備されるなど確固たる基盤を築いていたので、局舎で貯金業務を併せて取り扱うことにより、利用者の利便性が高まるうえ、信頼も得やすいと考えられたからである。

このような経緯で、明治新政府の樹立からたった8年で、郵便貯金制度が創設されることになった。なお、国立銀行条例に基づいて、民間銀行が貯蓄預金の取扱い業務をスタートさせるのは、この3年後のことである。

郵便貯金制度がスタートした頃、人々から預った郵便貯金は、民間経営の第一国立銀行に預託されていた。その後、郵便貯金が次第に拡大していくと、その資金を特定の銀行に預託するのは不適当と考えられるようになり、しばらくすると旧大蔵省の預金部へも預託されることになる。郵便局を通じて調達された資金が旧大蔵省へ預託されるようになったのは、郵便貯金の創設から10年目のことである。

学校の教科書にも載っていることだが、明治政府の2大政策スローガンといえば、「富国強兵」と「殖産興業」である。この二つの政策を実行するために、明治政府の財政支出は年を追うごとに拡大していった。その支出を税収入だけでは賄いきれず、そのうち公債の発行が常態化するようになる。

国の財政活動の基盤となっているのが租税であることはいうまでもないが、公債などの発行による投融資活動も、広い意味での財政活動にあたる。国の経済活動は「民間部門」「政府部門」の二つに大別され、その主役は、あくまでも市場メカニズムを通じて経済活動を行う民間部門が担っているものの、それを補完して市場をうまく機能させるためには、政府が果たす役割も重要になってくる。こうした政府の実施する経済活動が「財政」だ。

前述したように、郵便貯金は旧大蔵省預金部に預託され、預金部はその資金の大半を国

日本の郵政の変遷

年	郵政関係の出来事	その他の関連事項
1871(明治4)年	・郵便制度スタート	
1872(明治5)年		・第一国立銀行開業
1875(明治8)年	・郵便貯金創業 ・郵便為替創業	
1878(明治11)年		・民間銀行が貯蓄預金の取り扱い開始
1882(明治15)年		・日本銀行開業
1885(明治18)年	・旧大蔵省の預金部への郵便貯金の預託スタート ・逓信省発足	
1887(明治20)年	・逓信省のマークとして「〒」を制定	
1892(明治25)年	・小包郵便の取り扱い開始	
1906(明治39)年	・郵便振替事業創業	
1916(大正5)年	・簡易保険事業創業	
1941(昭和16)年	・定額貯金創設	
1949(昭和24)年	・郵政省発足 ・お年玉付郵便はがきの発行開始	
1985(昭和60)年		・日本電信電話民営化（＝NTT発足）
1987(昭和62)年		・NTT株式上場 ・国鉄民営化（＝JR発足）
2001(平成13)年	・郵政省、自治省、総務庁を統合し総務省発足 ・郵便貯金資金の全額自主運用開始（＝財投改革）	・小泉純一郎内閣発足
2003(平成15)年	・日本郵政公社発足	
2004(平成16)年		・第二次小泉内閣で竹中平蔵氏が郵政民営化担当大臣に就任
2005(平成17)年		・郵政選挙
2007(平成19)年	・日本郵政グループ（日本郵政株式会社、郵便事業株式会社、郵便局株式会社、株式会社ゆうちょ銀行、株式会社かんぽ生命保険）発足	
2009(平成21)年		・民主党鳩山由紀夫内閣発足
2012(平成24)年	・郵便局株式会社が郵便事業株式会社を吸収合併し日本郵便株式会社発足	・改正郵政民営化法成立
2015(平成27)年	・日本郵政株式会社、株式会社ゆうちょ銀行、株式会社かんぽ生命保険が株式上場予定	

債で運用するようになった。ところが、明治の終わりから大正にかかる頃になると、大蔵省預金部に預けられた郵便貯金の運用は国債だけでなく、特殊銀行債や社会資本の整備など、国の財政活動にも利用されるようになる。その理由は、日本経済の急速な発展にともなって、さまざまな政策が要請されるようになり、財政の分野が拡大したためだ。

このことは、財政の運営に必要な支出が、租税や公債では足りなくなったことを意味すると同時に、「郵便貯金─旧大蔵省」というラインが、新たな財政支出のための財源となったことを意味している。この仕組みが、後の「財政投融資（財投）」の基礎になったのである。

マスコミの不勉強がきっかけとなった財投改革

その後、1951（昭和26）年、資金運用部資金法が制定され、以降、郵便貯金は旧大蔵省資金運用部で運用されるようになった。この頃から、財投という名称が使われ始める。

郵便貯金は、全国各地をくまなく網羅している郵便局で利用できること、政府保証がついていること、ローリスク（＝ローリターン）な金融商品であることなどから人気が沸騰し、国民から多額の資金を集めることに成功する。最終的には、世界最大の貯金残高を持つマンモス金融機関に成長し、その存在が世界中で認知されるようになっていった。

この巨額な資金の使い道が財投であり、その規模があまりにも巨大であることから、財投は「第二の国家予算」とも呼ばれるようになる。事実、財投の資金は、郵便貯金、簡易保険、年金などを合わせて、最盛期で残高総額400兆円ほどに達した。平成27年度の一般会計予算が約96兆円であることからも、財投の400兆円という数字は、まさしく天文学的な数字といえよう。しかも、この半分以上が郵便貯金だ。ちなみに実は「第二の国家予算」という言い方は正確でない。特別会計予算なので〝予算そのもの〟である。

こうした財投は、たとえるなら巨大な国営銀行システムといえる。郵便貯金や年金積立金の大半を主とする巨額の資金を預託された旧大蔵省資金運用部が、公団や公庫などの「特殊法人」「政策金融機関」に貸し出しを行う（実際には全額貸し出しに回せなかったので、残りの分は国債の購入に使われた）。そして、特殊法人、政府金融機関は、この資金を高速道路や空港などを建設する大規模事業や、中小企業の事業資金、国民の住宅建設資金などへの融資に使ったのである。

実は、この資金の流れに、政府や国会はあまり関与していないように見えた。しかし、実際には特別会計予算なので、形式的には一般会計と同じで、政府が使って国会の議決を得ている。ただし、その実態がよくわからなかったので、不勉強なマスコミが政府や国会が関与していないと間違った報道をしただけだ。

もっとも、そのため「大蔵省が自由に使える影の資金源」として、後に強い非難を浴びることになる。その批判が、後述する財投改革のきっかけになったので、マスコミの誤解は結果オーライだった。

官僚が築いた強固な利権の砦「特殊法人」

ここで、特殊法人とは何かを簡単に説明しておこう。ごくごく簡潔にいえば、特殊法人は、役所と民間企業の中間に位置するような組織である。たとえば、消防や警察、国防、司法などの仕事は、公官庁や役所などの公的機関が担うべき性質の業務である。

一方で、民間の営利企業が担うべき業務というものも存在する。ゆうちょ銀行とかんぽ生命保険が営んでいる金融業務などは、まさにその典型だ。これら以外で、本来は公的な組織が担うべき業務だが、業務の性質が民間的な経営に馴染みやすいものも存在する。その役割を担うのが特殊法人で、独立採算によって国の行政機能の一部を代行することをその使命としている。

たとえば、現在では完全民営化されているが、「JR（旧国鉄）」もかつては特殊法人の一つだった。鉄道事業のように公益性が高く、しかも莫大な投資が必要になる事業は、国の草創期においては、公的な力を使って営むべき性質の事業だ。道路公団の事業にしたって、同じことである。

もちろん民間企業でできるならそれに越したことはないが、経済がよちよち歩きの時期においては、全国にくまなく鉄道網や道路網を構築できるだけの体力と意欲を備えた民間企業はほとんど存在しない。そこで、公的な主体にその役割を担わせるわけだ。そのため、特殊法人に対しては、出資金や補助金という形で税金が投入されたのである。

事実、特殊法人が日本の社会インフラ基盤の整備に果たした役割は大きい。これは誰もが認めていることだが、一方で問題も少なくなかった。いったん特殊法人が設立されると、時代や情勢、ニーズの変化などによって果たすべき役割が失われても、組織をなんとか維持しようとする力が働く。その結果、ムダかつ不必要な公共事業が延々と続けられるようになってしまうのだ。

「必要がなくなった特殊法人など、すぐに廃止すればいいじゃないか」と思うかもしれないが、これは口で言うほど簡単なことではない。存在意義がなくなった特殊法人を、「官」の力だけでリストラすることは極めて難しいのだ。

理由は簡単。そここそが官僚の「天下り先」だからだ。特殊法人が廃止されるということは、官僚にとっては、退職後の行き先を失うということを意味する。天下りをする官僚のなかには、2~3年という短いスパンで特殊法人を転々とし、その都度、数千万円という多額の退職金をもらうという、いわゆる「渡り」を行っている人もいた。

当然、自分たちの〝渡り先〟を「ムダだから潰そう」などという正義感あふれる官僚などいるわけない。それどころか、潰そうとされればあの手この手で抵抗する。かくして財投という甘い汁を中心に、特殊法人を通じた官僚同士の強固な利権の構造が、いつの間にかできあがっていったのである。

「ミルク補給」というムダ遣い

話を財投に戻そう。特殊法人は、旧大蔵省資金運用部の財投システムを通じて、郵便貯金を原資とする資金の投融資を受けていた。自主的に資金を調達する必要がなかったので、市場のチェックを受けることもない。その経営内容は極めて不透明であった一方で、特殊法人は別名「ブラックホール」と呼ばれるほど、ものすごい勢いで税金を飲み込み続けたのである。

確かに、高度経済成長期の最中には、財投が社会資本の整備などに大きな役割を発揮したことは事実である。しかし、官庁の役人が特殊法人に天下りし、高額の給料や退職金を受け取っていること。さらに、特殊法人への財投などによる資金投入が、ムダかつ非効率な事業を増大させること。つまり、郵貯に預けられた資金が、事実上、天下りや不要な公共事業の資金源になっていることが徐々に表面化していき、1990年代に入って特殊法人は非難の集中砲火にさらされるようになる。

そこで1997年、当時の橋本龍太郎政権が手をつけたのが、預託業務の廃止を盛り込んだ財投改革だった。この改革の断行により、特殊法人などの財投機関は、必然的に資金の調達方法を変えざるを得なくなったのだ。

ただし、こうした一連の〝郵便貯金→財投→特殊法人〟という官の世界の論理のみが通用する資金の流れのなかで、その恩恵を蒙ったのは特殊法人だけではなかった。財投が郵便貯金から預託を受け入れるときに、通常より高い金利を支払う「ミルク補給（利子補給）」という、これまた民間では考えられない多大なるプレミアムがあったのだ。その仕組みを簡単に説明すると、次のようになる。

財投改革前、郵便貯金を旧大蔵省資金運用部に預託するのは義務であったため、年間数十兆円ほどが資金運用部に預けられた。この資金は国債に準拠した金利で運用するというのが建前だったが、実はそこに0・2％のプレミアム金利を上乗せしていたのだ。郵便貯金に収益を与えるためである。

では、その0・2％分を担保するものは何だったのか。実は、資金運用部は特殊法人などに投資・融資する際に、やはり通常の金利に0・2％ほど上積みして貸し出していたのだ。つまり、特殊法人に高い金利を払わせることによって、郵便貯金に対して間接的に「ミルク補給」を実施していたのである。もちろん、旧大蔵省が身銭を切っていたわけでもなんでもなく、郵便貯金に投入されていたのは、特殊法人から吸い上げた金である。

高い金利を支払わなければならない特殊法人にとっては迷惑千万な話だと思えるが、実際には、特殊法人は痛くも痒くもなかった。金利の上積み分は、補助金という名の税金を投入して賄っていたからである。

要するに、郵便貯金はリスクをまったく背負うことなく、0・2%分の利ざやを稼いでいたことになる。その利ざや分は、元を辿れば納税者が負担していたのだ。筆者の試算では「ミルク補給」は年間1兆円程度に上った。それを、郵便貯金は「タダ同然」で手に入れていたのである。

それにしても、なぜこんな複雑な方法をとったのか。それは前述のように特殊法人には各省から元役人が群がっていた。そうしたつながりがあるため、特殊法人への補助金など、いとも簡単に予算がついたからである。

この仕組みによって、郵便貯金も天下りの温床である特殊法人も温存されてきた。かつて「郵政は独立採算で運営している」と盛んに喧伝されたことがあったが、何のことはない。それは、この仕組みが働いていたからにすぎないのだ。

ところが、このような特殊法人の在り方に対する批判が強まり、2001年4月に「資金運用部資金法等の一部を改正する法律案」が施行され、財政投融資制度の改革が断行された。この改革により、前述のような「ミルク補給」の流れは、途絶することになったのである。

かくして郵便貯金は、旧大蔵省への預託ではなく、市場で独自に運用しなければならないことになった。わかりやすくいえば、親からお小遣いがもらえなくなり、仕方なく自分で働いてお金を稼がなければならなくなったようなものだ。

しかし、郵便貯金には政府の保証がつき、また、公的な主体が運営している限りは大きなリスクを取ることが許されない。そのため、有価証券で運用するにしても、高いリターンが期待できる高リスク商品に投資することはできず、原則的には国債以外では運用できないことになる。その流れを汲むゆうちょ銀行は、だからこそ国債での運用が、今も資金運用の中心を占めているのである。

官から民へ、カネの流れを変えよ！

「失われた20年」の源流にあったもの

1990年代前半のバブル崩壊以降、日本経済は「失われた10年」と呼ばれる未曾有の経済停滞に陥った。そして、周知のようにそれは10年では済まず、「失われた20年」となった。小泉政権時の一連の改革により、景気はいったん回復方向へと舵を切ったが、その後のリーマンショックや政権交代、東日本大震災などの発生で景気は再び下降局面に入り、近年ようやく、アベノミクスの効果で浮揚局面を迎えているところだ。

こうしたバブル崩壊以降の経済停滞の元凶は、間違った金融政策である。バブル期はインフレ率1~3％であったが、バブル崩解後も現在のようなインフレ目標2％という設定があったら、日本経済はまったく違った様相を呈していただろう。ともかく、金融引き締めをすべきでなかったのだ。株価と地価の異常な上昇は、取引規制の抜け穴があったからであり、金融緩和のせいではない。それなのに、金融引き締めが正義と考えた日銀が無理な金融引き締めを行う。その後もその失敗を認めず、正しいと言い張り金融引き締めを続けたために、その後の成長率が屈折したのである。

バブル期以前のマネー伸び率は日本は、先進国のなかでも平均的なものであったが、バブル期以降は世界でビリであった。これでは成長しないはずだ。

その他にも、少ないマネーを政府部門が使いすぎたのも、経済停滞に拍車をかけた。それが、財投の存在である。そもそも、なぜ財投改革を実施する必要があったかといえば、公的セクターに偏っている資金の流れを転換して、経済を活性化させるためだったのだ。

日本では、バブル崩壊以降、旧態依然とした伝統的な政府主導の財政・金融政策が実施されたが、その弊害として、民間のチャレンジ精神の喪失や公的債務の累増を招き、経済状況として「民の萎縮」「官の拡大」という構図が常態化してしまった。この「民の萎縮」「官の拡大」という構図は、まるで社会主義国家のような「大きな政府」をつくり出してしまう。現に一般論として、政府のような公的部門が大きくなればなるほど、長期的な経

改革で官と民のカネの流れはこう変わるはずだった

官の資金	1990～2001年		2003年～2017年
郵貯・簡保への貯金等	170兆円	⇒	－50兆円
政策金融等からの企業への貸出	40兆円		－10兆円
財投などによる国債購入	200兆円		－60兆円

民の資金	1990～2001年		2003年～2017年
民間金融機関への預金	160兆円	⇒	580兆円
民間金融機関から企業への貸出	－110兆円		140兆円
民間金融機関による国債購入	150兆円		470兆円

出所：筆者試算

済成長が損なわれるといわれている。

　実際に、資金の流れがどうなっていたかデータを紹介しよう。たとえば、バブル絶頂期の1990年度とその約10年後の2001年度を比較すると、家計から民間金融機関への預金が160兆円増加しているのに対し、郵貯・簡保へは170兆円の資金が移動。そして、財投などによる国債購入が200兆円増加した。一方、民間金融機関からは、国債・地方債への投資が150兆円増加したものの、企業への融資は110兆円も減少してしまった。

　このデータから、家計部門で増大した貯蓄は、郵便貯金と簡易保険などの形で公的部門に流れ込んだこと。一方、民間金融機関の預金も、国債・地方債を購入するという金融機関の行動を通じて、政府部門へと流れ込んでいたことがわかる。

また、郵便貯金と簡易保険に入った資金も、国債・地方債を通じて中央・地方政府あるいは財投に入り、これが特殊法人などへの貸付を大きく増加させた。そして、特殊法人の効率性を度外視した運用は、たとえば、ムダな道路、ハコモノの建設につながったり、天下りに代表される利権の温床になっていったりしたのだ。

こうした要因から、民間企業に資金が流れ込まず、設備投資などを減少させた結果、かつて「失われた10年」と呼ばれた大いなる経済不況を招いたのである。これは逆説的に、資金の流れを大きく変えることが、日本経済の活性化にとって極めて重要であることを示しており、そのための方策、すなわちカネの流れを「官から民へ」と変えるために最初に実施されたのが、2001年の財投改革だったのだ。

〝金利〟という打ち出の小づちの終焉

この財投改革の結果、郵便貯金は旧大蔵省資金運用部への預託を行わず、すべて自主的に運用することになった。これにより、郵便貯金から旧大蔵省への資金提供は、預託から「財投債」に変更されている。それ以前の預託制度は政府内取引であったため、その金利は旧郵政省と大蔵省の交渉で恣意的に決められたものだった。ところが、財投債は市場を経由するため、金利は市場金利になる。

預託制度が廃止されたといっても、財務省が財投債を発行して、それを郵便貯金が購入する形に変わっただけであるため、資金の流れそのものは、従来の預託制度と何ら変わったところがない。しかし、〝金利〟については、劇的な変化が生じた。実は、それこそが財投改革の〝要〟でもあったのだ。

従来の預託制度における郵便貯金からの預託金利は、「国債の金利+0・2%」に定められるなど、旧大蔵省資金運用部が財投債を直接発行して資金を調達するより、調達コストが0・2%も割高に設定されていた。この割高な調達コストが、「ミルク補給」の原資となっていたことは前述の通りだ。

さらにいえば、当然のことながら、郵便貯金は「政府内金利」である預託金利が変更される時期をあらかじめ知っていた。いわばそれは、金利がどう動くか事前に知っていて運用しているようなもので、郵便貯金はそれだけ利益を上げやすいポジションに立っていたことになる。加えて、郵便貯金は資金が国庫内にあることでも、さまざまな恩恵を受けており、これにより+0・1%弱の利回りを獲得していた。要するに、郵便貯金は、都合0・3%弱の利回りを「タダ同然」で手に入れていたようなものなのだ。

しかし、財投改革が実施されたことにより、0・2%の事実上の利益補塡の他、国庫内に存在していたことによって得られていた、運用上のさまざまなメリットのすべてを失うことになった。つまり、それまで何の努力もせずに手にしていた〝利ざや〟が、一気に吹っ飛んでしまったのである。

こうして、郵便貯金は自主運用を余儀なくされるようになった。ただし、自主運営とはいえ国の資金が投入されており、法的にも縛られているため好き放題に使うことはできない。そのため、市場からローコスト・ローリターンの国債を、購入しなければならなくなったのである。

民営化、この道しかなかった郵便貯金

この国債に収益を頼るモデルがいつか必ず破綻を迎えることは、自明の理としかいいよ

うがない。仮に郵便貯金が民営化せずに、ずっと公的主体によって運営されたとする。公的主体、すなわち政府の管理下に置かれている限り、郵便貯金は大きなリスクを取ることができない。なぜなら、失敗したときに、そのツケは国民が支払うことになるからだ。そのため、安全な国債での運用が大前提となる。

郵便貯金が国債で資金を運用して利ざやを稼げるのは、郵便貯金の金利が、国債の金利よりも低い場合に限られる。しかし、郵便貯金の金利が国債の金利よりも低いと人々が気づいてしまったらどうなるか。当然、誰も郵便貯金には資産を預けないはずだ。代わりに個人向け国債（2003年から発行）などを買ったほうが、投資行動としては極めて合理的である。

そうであるならば、国が政府保証をつける場合には、論理的には、その金利は最終的には国債の利率と同じにならなければならない。だが、短期的に見れば、金利は一時的に上下するため、定額郵貯のように解約オプションつきで表面的な利ざやが稼げるように見えていても、15年スパンなどといった長期的な視点で見れば、必ず金利は平準化することになる。したがって、その利ざやは、やがて雲散霧消するのは明らかである。特に、経済が正常化して金利が上昇していくと、郵便貯金の潜在赤字はいよいよ顕在化する。

こうなれば、当たり前だが郵政事業は人件費などの分だけ、毎年毎年、赤字が積み重なっていくことになっただろう。その額は、1兆〜2兆円ほどと推定された。これが累積し、その重みに耐えられなくなったとき、郵便貯金は音を立てて崩壊、すなわち破綻を迎えることになる。

かといって、それを回避するために他の運用方法に手を伸ばそうにも、役人ばかりの素人経営者集団では、何をどうすればいいかわからない。下手に手を出して失敗すれば、破綻へのスピードを加速させるだけである。もちろん役人連中は、そもそも自分だけ危ない橋を渡るような思い切った真似など絶対にしない。

つまり、財投改革によって金利プレミアムという〝うま味〟を手にすることができなくなった郵便貯金は、運用利回りを上げるために信用リスクを取らざるを得なくなり、結果として、民営化する以外に存続する手段がなくなってしまったのだ。

多くの人は、郵政民営化は当時の小泉純一郎首相の肝いりで実施された大改革だと思っているかもしれない。確かに、郵政民営化は小泉首相のかねてからの政治信条で、小泉首相の確固たる信念と強いリーダーシップがなければ実現しなかっただろう。

しかし、実は誰が首相を務めていたとしても、郵政民営化は必然だったのである。民営化しなければ、いずれ必ず郵政が破綻することは目に見えていた。その意味では、民営化という名の機関車を走らせたのは小泉首相だが、そのレールを敷いたのは、財投改革だったといえる。財投改革の後に、小泉氏が首相になったのも、神様がきちんと仕組んだのだろう。そう考えないと、この偶然をどのように説明できるのだろうか。

ＮＴＴ、ＪＲと日本郵政は何が違うのか

今の若い人のなかには、もしかすると知らない人がいるかもしれないので触れておくが、現在のＮＴＴグループ（旧電電公社）やＪＲ企業群（旧国鉄）も、かつては時代遅れのお荷物国営企業だった。その時代をリアルタイムで経験した中高年以上の人は、「ＮＴＴもＪＲも民営化されて、サービスが良くなって業績も改善した。日本郵政グループもそうなるのでは？」といった期待を抱いているかもしれないが、ＮＴＴやＪＲと、日本郵政グループでは、置かれている状況や立場が大きく異なる。繰り返すが、そもそも日本郵政は金融2社があるのに〝不完全民営化〟だ。ＮＴＴやＪＲには金融部門がないので、この点、日本郵政は〝致命的〟なのだ。

第1章で説明したように、日本郵便、ゆうちょ銀行、かんぽ生命の3社は、いずれも収益基盤が脆弱で、ビジネスモデルに大きな弱点を抱えている。では、かつてのNTTがどうだったかといえば、長期間にわたって通信・電話事業を独占してきた先行者としての強みがあったため、技術力や競争力、収益力のどれをとっても、群を抜いて高かった。だからこそ、企業としての魅力があり、その株にも買う価値は充分にあったのだ。もちろん、上場直後につけた高値に比べれば、今の株価は残念の一言。だが、その業績・収益ともに申し分なく、日本郵政とは比べ物にならないのはいうまでもないだろう。

JRにしたって、鉄道事業はそもそも新規参入が極めて困難な分野であるため、競争条件はそれほど厳しくない。もちろん私鉄やその他の輸送機関（航空など）との競争はあるが、それは国営のままだったとしても同じこと。赤字路線があることも、私鉄やその他の輸送機関と状況は似たり寄ったりである。

日本郵政グループの場合、確かに郵便事業だけは事実上の独占状態にあるといっていい。信書便法の改正により信書の配達業務は民間に開放されたが、参入にあたっては、10万本以上のポスト設置義務が課されているため、事実上、競合企業による参入は不可能だ。

しかし、これも第1章で述べたように、そもそも郵便事業はジリ貧事業であり、そのカテゴリーで圧倒的な競争力を手にしたところで、ほとんど意味がない。ゆうちょ銀行とかんぽ生命にしたところで、前述の通り、銀行、保険業界での両社の立ち位置といえば、規模だけはトップを快走しているが、競争力は周回遅れの最下位を独走している、といっても過言ではない。

勘違いしている人が多いが、実はＮＴＴもＪＲも、日本では盛んに「民営化」と喧伝されたが、実は、海外からは民営化とは認知されていない。これは、英語で表記するとわかりやすくなる。

英語では、民営化のことを「privatization」と表現する。辞書をひいてもらえばわかるが、この言葉は「国営企業の民営化」を意味し、政府機関が当該株を一切保有しない状態が前提になっている。ところが、ＮＴＴもＪＲも、政府が一定の株を保有し続けたため、この「privatization」には該当しないのだ（なお、ＪＲは後に完全民営化されている）。

では、政府が株を持ち続ける状態を英語で何と表現するかというと、「corporatization」である。この言葉が意味するところは「株式会社化」だ。ＮＴＴと（かつての）ＪＲも、この「corporatization」に該当する。日本郵政グループがどちらに該当するかといえば、それはもちろん「corporatization」である。

「ＮＴＴはうまくいっているから、それでもいいじゃないか」と考える人もいるかもしれないが、あくまでＮＴＴが営んでいる通信事業の領域では、政府が一定の支配力を維持し続ける意味はそれなりにあると考えられる。なぜなら、通信事業は「軍事情報的」な要素を多分に持っているからだ。通信の安全保障を確保するためには、政府がある程度コントロールできる余地を残しておいたほうが何かと都合がいいし、合理的である。ＮＴＴに限っては、「corporatization」は〝あり〟なのだ。

しかし、金融事業については、政府がコントロールする意味はほとんど存在しない。むしろ、政府のコントロールを排除したほうがはるかに健全だ。金融事業においてもっとも大切な要素は「信用」である。信用を背景にしたビジネスであることから、政府のバックアップがあればほぼ無敵に近い状態となる。そして、それは不要な「官業による民業圧迫」につながる。だからこそ、第１章で述べたように、ゆうちょ銀行とかんぽ生命は「corporatization」ではなく完全民営化、つまり「privatization」を実現すべきなのである。

第3章

ここまでやらなければ郵政民営化は達成できない

前章で見たように、財投というシステムがなくなり、このままではもたないのが自明の理となった郵貯と簡保。ひいては日本郵政自体の存続も危ぶまれるという未曽有の危機にもかかわらず、国のために働き国民のために尽くすはずの官僚は、なお“省利省略”しか考えようとしない。これに対し、筆者たち民営化推進派は何を思い、どう行動したのか。既得権益の厚い壁とそれを取り巻く人間模様の一端をご覧に入れよう。

目指すは世界に通用する民営郵政グループ

アメリカで味わった嵐の前の静けさ

これまでにもたびたび触れてきたが、筆者は財務官僚時代に「郵政民営化」の制度設計を担当した。一介の財務官僚にすぎなかった筆者が、どうして郵政民営化のような、後に日本中で議論を巻き起こす大改革に関わるようになったのか。ここでは、その経緯と郵政民営化の内幕を簡単に振り返ってみたい。

郵政民営化の実現に筆者が一役買ったことは事実だが、その最大の立役者といえば、やはり竹中平蔵氏である（もちろん小泉首相を除外すればの話だ）。竹中氏と筆者は、郵政民営化で一緒に仕事をするようになる以前から、旧知の仲だった。その縁が高じて、筆者は郵政民営化に関わるようになったのである。

筆者が初めて竹中氏と出会ったのは、旧大蔵省に入省して3年目の頃だったと記憶している。筆者は旧大蔵省の財政金融研究所（現財務総合政策研究所）に在籍していて、そこへ上司として旧日本開発銀行から出向してきたのが、竹中氏だった。竹中氏のデスクは筆者のすぐ後ろで、私たちはすぐに意気投合した。このとき、筆者は27歳。竹中氏も31歳と若く、一緒に飲んだりカラオケで歌ったりして遊んでいたことをよく覚えている。

その後、筆者は1994年から1998年にかけて財投改革を担当した。それが一段落した後、政府の派遣でアメリカのプリンストン大学へ留学した。後にアメリカの中央銀行であるFRB（連邦準備理事会）議長の要職につくバーナンキ氏をはじめ、プリンストン大では世界一といっても過言ではない教授陣の指導の下で金融政策を学んだ。

余談になるが、筆者は数学科の出身で、卒業論文では「フェルマーの最終定理」の証明に使われた楕円曲線や保型関数論をテーマに扱った。360年間、誰も解けなかったその「フェルマーの最終定理」を証明した天才数学者のアンドリュー・ワイルズもプリンストン大で教鞭を執っていた。

そういうこともあり、プリンストン大での日々は筆者にとって極めて刺激的で有意義な毎日であった。予定では1年間の留学だったが、ずっとこの環境に身を置きたいという思いが強くなり、大学から財務省に対して留学の延長をかけあってくれるよう頼んだほどだ。それが奏功し、筆者の留学生活は3年に及んだ。帰国したのは、2001年7月のことであった。

なぜ「火中の栗」を拾いに行ったのか?

その3カ月前の2001年4月、日本では思いもよらない事態が起きていた。小泉純一郎政権が誕生し、驚いたことに、あの竹中氏が小泉首相によって経済財政政策担当の大臣に任命されていたのである。それを筆者は本気で冗談話だと思い込んでいた。なぜならその2カ月前の2001年2月に、ニューヨークを訪れていた竹中氏に会い、一緒に騒いでバカ話をしたばかりだったからである。そのときには、「大臣になる」などという驚天動地の話題はいっさい出なかった。

留学を終えて財務省に戻ったときに、ことの真偽を確かめるために、わざわざ竹中氏がいる大臣室まで会いに出かけたほどである。以来、竹中氏からたびたび連絡をもらうようになり、何度か会食を繰り返すうちに、「なんとなく」竹中氏の仕事を手伝うようになっていったのだ。

財務省に戻ったとはいえ、筆者は当時はっきりいって暇だった。より正確に表現するならば、半ば「干されている」状態だったといえるかもしれない。留学期間を強引に延長したことで、財務省の怒りを買っていたためである。だからこそ竹中氏の仕事を手伝う余裕があったといえるのかもしれない。

最初のうちは単発の仕事の依頼が多く、「ちょっとしたお手伝い」という感覚だった。まとまった仕事を依頼されるようになったのは2001年の暮れになってからで、「政策金融改革」に関する仕事だった。具体的には、日本に数多くある政策金融機関の統廃合による民営化である。政策金融機関とは日本開発銀行（現日本政策投資銀行）や商工中金といった、政府が出資している金融機関のこと。当時、民業圧迫、そして天下りの温床として、改革の矢面に立たされていたのだ。

結局、この改革は成就しなかったが、その次に猪瀬直樹氏が主導した道路公団民営化の仕事に携わるようになった。この二つの改革は世間的にも大きな関心を集めた案件だったが、このときはまだ、竹中氏らとの個人的なつながりで仕事をしており、公式な立場、非公式な立場、その両方の立場で関わっていたにすぎない。勤務時間の大半は、役所のルーティンワークに精を出していたのである。

ただ、非公式な立場とはいえ、政策金融改革のように財務省からすれば手をつけてほしくない分野の仕事に携わっていた筆者は、省内では危険人物と見なされていたらしい。本来なら、左遷の憂き目に遭ってもおかしくなかったが、竹中氏と気脈を通じていたことで、どうにか身は守られていた。竹中氏は小泉首相がもっとも信頼していた閣僚で、さすがの財務省も、竹中氏の怒りを買うわけにはいかなかったからだ。そして、2003年、竹中氏から郵政民営化の仕事を手伝うように頼まれたのである。

なぜ竹中氏は筆者に白羽の矢を立てたのか。もちろん、かねてからの友人ということもあっただろうが、何より筆者が郵政3事業に精通していたからにほかならない。財投改革を担当したときに、これまで再三述べてきたように郵政事業について徹底的に調べ、「ミルク補給」はもとより、おおよその問題点は把握していた。竹中氏から「多くの学者や専門家にヒアリングしたが、かつて財投改革を担当した髙橋君ほど郵政3事業について詳しい人間はいなかった。郵便事業や簡易保険などの一分野に精通している人はいるが、郵政全体をバランスよく知っている人はいない。髙橋君が適任だから、頼むよ。世界に通用する民営化案をつくってくれ」と言われ、筆者は引き受けることにしたのである。

これを機に「経済財政諮問会議特命室」の辞令が下り、筆者は正式に竹中氏の直属スタッフを兼任することになった。このような経緯で、筆者は「チーム竹中」のメンバーの一人として、郵政民営化に携わるようになったのである。

暗中模索から始まった設計図づくり

経済財政諮問会議特命室の役割は、経済財政諮問会議の原案を作成することである。経済財政諮問会議とは、省庁の「審議会」の規模を大きくしたようなものと考えてもらっていい。審議会とは、各省庁が個別に設置している諮問機関だ。学者や専門家が招かれて政策提言を行う場であり、さまざまな政府案は事実上、この審議会で作成されている。

審議会は法律で定められている機関で、法的根拠を有している組織だけに、その権限や威光はかなり強い。ほぼ役人だけでコントロールされている点が特徴で、大臣が出席することはほとんどない。

それに対し、経済財政諮問会議には、首相が必ず出席する。首相はさまざまな会議に出席するが、あらゆる会議のなかでも、小泉首相がもっとも多くの時間を割いていたのが経済財政諮問会議である。開催される回数も年に約40回と多く、「閣議」の回数を上回っていたほどだ。

経済財政諮問会議の議長は首相が務め、その他に財務大臣や総務大臣、経産大臣、日銀総裁なども出席する。つまり、日本の財政・金融の中枢がそこに集まっているわけだ。首相が議長だけに、会議の方針には首相の意向が強く働き、首相がリーダーシップを発揮しやすい会議といえるだろう。

そのため、首相に強い信念と意欲さえあれば、どのような改革案でも立案することが可能だ。もっとも、改革プランは作成することはできるが、それを法案化して国会で通すとなると、また別の話になる。そこはあくまで政治闘争なのだ。

筆者は何も手を打たなければ、郵便貯金、簡易保険、郵便事業がいずれ破綻することは理解していたが、それと民営化のプランニングは別の話である。民営化の設計図や実現に向けたスケジュールを作成することは容易ではない。竹中氏からの依頼ということで引き受けたまでは良かったが、当初は、何から手をつけていいかもわからないような、暗中模索の状態で進まなければならなかった。

そして2004年4月、各省庁の役人たちで構成される「郵政民営化準備室」が発足したのである。

官僚の抵抗を無力化する〝飼い殺し〟

筆者はチーム竹中のスタッフだったとはいえ、同時に財務省の役人でもあるので、竹中氏から「チームの代表として準備室に行ってくれ」と頼まれたときは、気が重かった。「郵政民営化準備室」という室名とは裏腹に、各省庁から反対派官僚がたくさん送り込まれてくることは明らかで、筆者が矢面に立たなければならないことが充分に想定されたからだ。実際に、準備室に集められた役人たちは、そのほとんどが民営化に反対か、あるいは「どちらでもいい」というスタンスだった。諸手を上げて賛成する役人は、ほとんどいなかった。

準備室のメンバーは、全体でおよそ100人ほどである。そのうちの約50人は、郵政事業の監督官庁である総務省の役人だった。チーム竹中から準備室に派遣されたのは、筆者を含めて2~3人である。このように、チーム竹中のメンバー以外に味方はほとんどおらず、準備室では、四面楚歌の状況に立たされた。なかでも、最大の反対派は、やはり郵政事業の監督官庁である総務省の役人たちだった。

そもそも彼らは、民営化に抵抗するために、親元の総務省から送り込まれてきた精鋭部隊であり、準備室の発足当初から、筆者らに対してたくさんの矢を射かけてきた。事前レクチャーのような会の場で既に牽制されたし、酒場で数名に取り囲まれて非難されたこともある。精神的な負担は大きかったが、なるべく平静を装うようにしていた。「何が何でも反対！」という、ある種の宗教的盲信に取りつかれている人にいくら反論したところで聞く耳は持たないし、筆者は筆者で彼らの話を聞き流すよう努めていた。

発足したとはいえ、事実上、準備室に仕事はなかった。なぜなら、全体の方針は経済財政諮問会議で作成するからである。準備室の仕事は法案の作成だが、それにしたって、経済財政諮問会議が基本方針を策定するまで取りかかることができない。準備室が発足してから数カ月が経過しても、竹中氏からは何の指示も下されなかった。

だが、実はここが竹中氏のすごいところで、あえて準備室を放っておいたのである。これには、筆者の入れ知恵も影響している。筆者自身も官僚であり、それも「官僚の中の官僚」と呼ばれる財務省の官僚である。官僚の抵抗の仕方については熟知しており、官僚に委ねてしまうと民営化が変質させられてしまう可能性を事あるごとに進言していた。それを受けた竹中氏は準備室を無視して、経済財政諮問会議だけで基本プランを作成してしまおうと考えたのだ。そのため、準備室の面々の仕事といえば、有識者に対するヒアリングくらいで、事実上は何の仕事もしていなかったに等しい。

準備室に集められた役人たちは、動揺を隠せなかった。官僚的な感覚では、わざわざ準備室が設置された以上、自分たちが基本方針を策定して、それを経済財政諮問会議に報告すると考えるのが普通だ。集められた100人に及ぶメンバーは、自分たちが基本方針を策定するものとばかり思い込んでいた。

その過程で、民営化を骨抜きにしようと目論んでいたに違いないが、竹中氏及び経済財政諮問会議からは、何も指示がない。それぞれが、親元である省庁からせっつかれていたようだが、何もしていない以上、送りたくても何の情報も送ることができない。時間だけが虚しく過ぎていき、そのうち準備室は騒然とし始めた。

準備室の役人たちが「何もすることがない」「何もさせてもらない」ということに気づき、怒りと焦りを露わにしだしたのだ。もちろん、その裏では郵政民営化の基本方針の策定は着々と進んでいた。誰が基本方針づくりを進めていたかといえば、筆者を含むチーム竹中のメンバーたちである。事実上、郵政民営化の基本方針は、竹中氏と筆者を含めた4人程度のメンバーで基本的なところは作成したといっても過言ではない。

メンバー全員で知恵を絞って検討しているうちに、郵政民営化の道のりが漠然と見えてきた。最終的にまとまったのが、郵便事業、郵便局事業、郵便貯金事業、簡易保険事業の4分社化である。

そして2004年9月10日、経済財政諮問会議が郵政民営化案を発表した。何も知らされていない準備室の役人たちにとっては、寝耳に水だったに違いない。不意を突かれた準備室の面々のなかには、筆者らを非難する人も少なくなかった。

民営化後に待ち受ける〝灰色〟の未来

筆者らがまとめた郵政民営化案は、ざっくり説明すると次のようなものだった。

第一段階として、2007年9月末までに、持株会社を設立したうえで経営委員会を設置し、将来の経営の在り方や郵政公社の業務、資産の切り分け方について検討するなど、民営化の準備を進めていく。それから2007年10月に郵政公社を解散し、持株会社と4

つの事業会社が事業をスタートさせる。そして、2017年9月までに、持株会社は銀行（ゆうちょ銀行）と保険（かんぽ生命保険）の全株式を処分することで、金融2社を完全民営化するというものである。この案が、後に民主党によって「改悪」されたことは、何度か触れてきた通りである。そこに至る詳しい経緯は後述する。

民営化までのスケジュールはともかくとして、民営化を主張する以上は、しっかりとした理論武装が必要であり、何の根拠もなく民営化を進めるわけにはいかない。民営化にともなう国民の不安を解消し、民営化のメリットを誰もが納得できるようにしなければならなかったのだ。

実は民営化案を発表した当初、政府や自民党は「郵政を民営化すれば、何もかも良くなる」という「バラ色路線」を強調していた。しかし、過去に郵政事業の将来をシミュレーションしていた筆者にしてみれば、民営化後に待ち受けているのは、バラ色どころか、むしろ良くて〝灰色〟の未来であることがよくわかっていた。

郵便事業は当時からジリ貧傾向、そして郵政全体を支えていた郵便貯金、簡保生命は財投改革によって収益源を失ったことにより、何も手を打たなければ、20年以内に破綻を迎える。ここまで本書で何度も明らかにしてきたことである。

国営を維持しても破綻を免れることができない（否、むしろそのスピードを加速させる可能性がある）からこそ民営化が必要なのだが、民営化したからといって、郵政をすぐ収益が上がる体質に変えるのは簡単ではない。何しろ郵政の職員は、民間的な経営感覚がゼロに等しい役人の集合体である。その郵政が筋肉質な組織に生まれ変わるまでには、相当の時間を要するであろうことが容易に想像できたからだ。

国民には真実を知る権利がある。そこで筆者は、「民営化をすれば郵政は良くなる」のではなく、むしろ「民営化しなければダメになる」という事実をしっかり伝えるべきだと小泉首相や竹中氏に説いた。最終的には竹中氏らも納得し、以後、政府の「バラ色路線」は影を潜めた。

改革は「手順」に要注意！

もう一つ、郵政民営化法案を準備しているときに筆者が懸念していたのは、民営化までの「手順」である。

民営化する場合は、まず「特殊会社」を設立してから、たとえば、10年後などに民間会社へ移行するのが普通だ。特殊会社とは、公共性の高い事業だが、行政のような公的組織が営むよりも、会社形態でこれを行うほうが適切だと判断される場合に設立される会社である。規模が大きく、また後に完全に民営化して普通の会社に移行させる可能性もあることから、株式会社の形態で設立されるケースが多い。旧国鉄を民営化するときにも、この手順が踏まれた。

法的な手続きを説明すると、まず特殊会社法を制定し、その10年後などに特殊会社法を廃止することで、民営化が完了する。こうした特殊会社は日本にたくさんあり、たとえば、ＮＴＴやＪＴなどが代表的だ。いずれも特殊会社化するときに、それぞれ特別法の「日本電信電話株式会社等に関する法律」「日本たばこ産業株式会社法」が制定されている。

しかし、郵政の場合、筆者はかつてのＪＲのような「特殊会社→民営化」の手順を踏むことは危険だと考えた。なぜなら、特殊会社から民営会社に移行するまでの期間に、〝何か〟が起こる可能性を捨てきれなかったからだ。その〝何か〟とは政局である。政界の一寸先は闇だ。完全民営化されるまで小泉政権がずっと続くわけではなく、いつ何時、潮目が変わるかは誰にも予想できない。それに官僚の巻き返しも当然あるだろう。

万一、風向きが変わって、民営化の見直し法案が提出されると、公社に逆戻りしてしまう可能性がある。筆者は、その〝揺り戻し〟を危惧していたのである（その危惧は、後に別の形で現実のものとなってしまったが）。

筆者は、将来の憂いを残さないために、特に郵便貯金と簡易保険については、郵政公社廃止後、すぐに「商法会社（商法を根拠とする民間企業）」にする措置を講じるべきだと考えた。実際には、郵便、郵便局についても商法会社化してもまったく問題ないと考えていたが、政治的な理由でそれが難しかったため断念し、その2事業については特殊会社化することになった。しかし、郵便貯金、簡易保険は別である。この二つは、完全に民間でできる事業だ。というより、むしろ完全民営化すべき事業である。

実際、「民営化に絶対反対」を金科玉条とする反対派官僚たちは、最終盤でのどんでん返しを狙って、特殊会社経由の民営化案をまとめようと画策していたようだ。そして隙を見て、民営化差し戻しを考えていたのである。

制度設計を担当する筆者らが詰めを誤ると、それまでの苦労が水泡に帰する恐れがあった。将棋でも、序盤、中盤と対局を優勢に進めていても、終盤のウッカリで大逆転劇が起こることはしばしばある。そうなっては、元も子もない。あの天才棋士の羽生善治氏ですら終盤で逆転負けを喫することがあるため（筆者が自分のことを天才だといっているわけではない）、充分に注意する必要があった。

そこで筆者は、竹中氏に「特殊会社化を認めてしまうと、潮目が変わったときに逆戻りしてしまう可能性があるので、郵便貯金と簡易保険については、最初から商法会社化したほうがいいですよ」と、強く進言した。

いったん特殊会社にすると、法律を廃止しないかぎり、商法会社にはなれない。その間に、民営化を逆戻りさせられては大変だ。そこで、ゆうちょ銀行とかんぽ生命については、最初から商法会社にする措置を講じておいたのだ。いったん商法会社にしてしまえば、新たに国有化法でも通さない限り、後戻りはできない。

もっとも、筆者が商法会社化を提案したのは、民営化反対派の思惑がどうであれ、そのほうが民営化に弾みがついてスムーズに移行できると考えたためだ。実際、2007年10月に、ゆうちょ銀行とかんぽ生命が商法会社として発足した。しかし、現在の状態は、形としては商法会社だが、政府が大株主である日本郵政の子会社にすぎないため、不完全な民間企業にとどまってしまっている。結果として、ゆうちょ銀行、かんぽ生命が抱える巨額の資金は、市場に充分に放出されないことになる。筆者としては、残念でならない。

役人の飽くなき執念とプログラミング対決

郵政官僚が投げたデッドボールすれすれの豪速球

経済財政諮問会議が郵政民営化案を発表したことにより、民営化プロセスはいよいよ実現に向けて動き出した。それでも、反対派である総務（旧郵政）官僚たちからの攻撃はなかなかやまなかった。

とはいえ、そうした反撃は筆者らにとって織り込み済みで、彼らがどのような球種で攻めてきても、きっちり打ち返すための準備を整えていた。反論に対する反論を、あらかじめ用意していたのである。

そのためか、反撃のほとんどは効果を発揮しなかった。筆者らにとっては、そのほとんどがいわゆる「想定の範囲内」だったのである。

ところが一つだけ、筆者も「やられた！」と思うものがあった。彼らが投げてきたボールは、「２００7年に民営化するにしたって、そもそもシステムの構築が間に合わない。構築には3年から5年くらいかかる」という理屈だった。

民営化までの2年の間にシステムの構築が間に合わないのであれば、無論、民営化は画餅に終わる。専門的な領域の問題だけに、筆者らにしたって「そんなことはない。必ず構築できる」と根拠もなく反論して、官僚たちの言い分を突っぱねることができなかった。痛いところを突かれたのだ。

郵政民営化は、基本的には〝政治マター〟である。もちろん、放っておけばいつかは破綻するため民営化は必然なのであるが、それを決断するのはあくまでも政治で、その頂点に立っているのは小泉首相である。「やる」「やらない」の判断は、あくまでも首相の手に委ねられている。小泉首相がひとたび決断すれば、反対派も黙らざるを得ない。それまでにも、そういうケースをたびたび目撃していた。

しかし、コンピュータシステムの問題に限っては、小泉首相は決断するための根拠を持ち合わせていなかった。なぜなら、当然のことながら小泉首相はシステムのプロではなく、それ故、郵政のコンピュータシステムのことなどまったくご存知ないからだ。つまり、民営化に対する反論を政治マターに発展させない唯一の決め球が、システムの問題だったのである。政治マターにしてしまうと勝ち目がないため、反対派は、まったく別の角度から攻めてきたというわけだ。

この問題に限っては、さすがの小泉首相も強いリーダーシップを発揮することが難しい。強引に「どうにかしろ」「根性で何とかしろ」と命令することはできるかもしれないが、システムの構築はあくまでも物理的な問題であり、精神論だけで簡単に片づけられる問題ではないからだ。小泉首相が反対派の言い分を受け入れ、民営化が再考になる可能性すら出てきた。竹中氏も面食らっている様子だった。

反対派の郵政官僚たちにとって、システムの問題は「諸刃の剣」でもある。彼らももちろんシステムに精通しているわけではなく、はっきりいってしまえば、システムについては素人同然である。そのため、「できるか」「できないか」の本当のところは、彼らにもわからない。

本当にできないかもしれないし、本当はできるかもしれない。仮にシステムの中身を検討して、「できる」ということがわかってしまったら、反論する手立てがそこで尽きてしまうことになる。そうなってしまったら、もはや民営化に反対することはできない。いわば、野球の〝ビーンボール〟のようなものである。

ビーンボールとは、打者を萎縮させるために使われるボールだ。実際の野球の試合では、ビーンボールは「危険球」と判断され、投手は退場を宣告される可能性があるが、政治の世界では、法律等に違反していない限り退場させられることはない。むしろ「いい球」になる可能性がある。

相手（民営化推進派）を萎縮させて凡退に追い込むことができれば大成功だが、逆に、失敗すれば「一発退場」になるかもしれない。一種の賭けでもあるが、その球をくらった筆者は、率直にいって「いいボールを投げてきたな」という印象を抱いた。「敵ながらあっぱれ」と感じたのである。

同時に、「これは大変なことになった」と思った。結局「客観的な場で判断しよう」とかわすことでその場はしのいだが、この難関をクリアしない限り、郵政民営化は先へ進めない状況になってしまった。想定外の1球により、小泉首相が推し進める郵政民営化プロセスは大ピンチに立たされたのだ。

未知の領域に一人乗り込む

システム問題への対策で、竹中氏から再び白羽の矢を立てられたのは筆者である。筆者は普段はプログラミングなどとは疎遠の一介の官僚にしては、かなりシステムに詳しいほうだった。なぜなら以前、財務省の「ＡＬＭ（資産・負債総合管理）システム」をほぼ一人で組み上げた経験があったからである。通常、そのようなシステムは外部の専門業者に発注するのが普通だが、ある事情により、秘密漏洩を完璧に防ぐ必要が生じたため、筆者が担当する以外に手がなかったのである。

もともと筆者は数学科の出身で、コンピュータ言語やプログラムにはほかの人より慣れ親しんできたし、実際に、コンピュータ言語を駆使してプログラムを組んだ経験が幾度もあった。それを知っていた竹中氏から、「髙橋君はシステムに明るいから、頼むよ」と言われてしまったのである。確かにプログラムには強いが、郵政のシステムのことなどまったく知らない。全権を委任された形となり、途方に暮れてしまった。

しかし、グズグズしてもいられない。竹中氏は「人材はどれだけ使ってもかまわない」

と言ってくれたが、システムに精通している人はそれほど多くはない。検討を重ねた末に、「これは」と思う専門家を5人ほど招いて、システム検討会を立ち上げることにした。

座長は、旧知の故・加藤寛先生にお願いした。加藤先生はシステムのことを何もご存知ないが、その分、先入観や偏見が一切ないため本質を突いた素朴な質問をされることが多く、筆者はどぎまぎさせられることが少なくなかった。

筆者を含め、どのメンバーも郵政のシステムに詳しいわけではなかったが、何とかなるのではないかという期待を抱いていた。結局のところ、システムはプログラムの塊である。そしてプログラムとは、この本を構成している一つひとつの文章のようなものだ。言葉さえ知っていれば、とりあえず本を読むことはできるし、細かいところまでは理解できなくても、エッセンスは理解することができる。

アインシュタインの「一般相対性理論」のような難解な論文でも、細部まで完璧に理解することは難しいかもしれないが、一応数式が読めるので、エッセンスをつかむのは数式を読めない人よりも容易である。筆者はたいていのコンピュータ言語を知っていたし、コンピュータシステムである以上は、郵政のシステムも基本的な構成は同じだろうと考え直し、まずは概要の把握から始めることにし、郵政公社へ乗り込んでいった。

多勢に無勢でも勝てるロジカルなケンカ

待ちかまえていたのは、数十人に及ぶシステムエンジニアたちである。彼らはもちろん、外部のシステムベンダーのエンジニアだ。総務省のシステム担当者に話を聞いても用をなさないので、実際にプログラムを書いている彼らから直接ヒアリングすることにしたのだ。このとき、筆者らに課せられた条件は極めて厳しいものだった。「検討は1～2カ月で終わらせるように」と厳命されていたのである。

ヒアリング作業は難航を極めた。何しろ多勢に無勢。向こうの数十人に対し、われわれは、その日に集まれる専門家2～3人である。短期間でシステムの構築を終えるためには、実際にプログラミングするシステムエンジニアたちを納得させたうえで、開発に着手してもらわなければならない。

ところが、エンジニアたちは全員が口を揃えて「2年以内にシステムを構築するなど、不可能です」と言う。彼らが数十人単位で入れ替わり立ち代わり現れては、「不可能です」というフレーズを念仏のように繰り返した。が、それもわからないわけではない。何しろ郵政のシステムは複雑かつ規模が大きいのだ。

基本となるシステムが拡張され、サブシステムがいくつも付け足されていた。平たくいえば、郵便、郵便貯金、簡易保険という三つの系統に、それらを統合する総合プログラムがあった。システムを構成するパーツがそれこそ山のようにあり、概要をつかむだけでも一苦労である。週に何度も足を運び、延々と会議を繰り返さなければならなかった。

幸いにして、筆者はプログラム言語を読むことができた。当然のことながら、システムなどについて議論をするとき、プラグラム言語がわかっているかどうかは決定的な差となってくる。

そのため、「このプログラムがなくても、当面は困らない」「システムのこの部分がなくても、業務に支障は出ない」ということがすぐに呑み込めた。たとえば、「四半期システム」などは上場するまでは必要にならない。これなら何とかなるかもしれない。そこで検討に検討を重ね、当面は不要と思われるパーツを徹底的に削ぎ落としていけば、約1年半という短い期間で基本のシステムは構築できるという結論に達した。

エンジニアたちに対しても、「この部分は後回しにして、必要なところから手をつけましょう」と、理詰めで説得していった。彼らはあくまでもエンジニアであり、「民営化には何が何でも反対！」といった官僚のような宗教的盲信に取りつかれていないため、ロジックで導かれた結論に対して、頑なに反対する理由を持たない。否、技術者である彼らは、この分野では、すこぶる「話のわかる」人たちなのである。筆者らの理詰めの説得に、彼らも最終的には「これならできますね」と納得してくれた。

筆者がシステム問題を担当したとき、民営化反対派からはもちろん、賛成派からも「始めに答えありきで、高橋はシステム構築などできると言うに決まっている」と言われた。しかし、その当時から、もしシステム構築に時間がかかるなら、正直に小泉首相や竹中氏に話すつもりだった。できないことを「できる」と言ったら、当たり前のことだがウソになるからだ。

つまり、根っからが筆者は数学思考なのである。数学問題では、できないことを証明することもある。「不可能問題」と呼ばれるものだ。たとえば、角の三等分をコンパスと定規で行うことは、一般的にできないことが証明されている。だから、筆者にしてみれば〝角の三等分〟をたとえ首相から命じられたとしても、「できない」と言うのは当然のことなのである。

プロジェクトマネジメントで超筋肉質のシステムに

筆者らが構築しようとしていた郵政のシステムは、当面は必要がないと思われるパーツを徹底的に削ぎ落とした、いわば「暫定システム」である。「それで大丈夫なのか」と思われるかもしれないが、そもそも論でいえば、世の中に存在するすべてのコンピュータシステムは、どれも暫定的なシステムだ。完璧なシステムなど、世界のどこを見渡しても一つとして存在しない。

なぜかといえば、コンピュータの世界はハードもソフトも、それこそ日進月歩のスピードで技術が進歩を続けているからだ。莫大な予算と人員、長い時間を注ぎ込んで完璧なシステムを組み上げても、完成した時点では、最初の頃に手をつけた部分はすでに時代遅れになってしまう。そのため、1年や2年という短い期間でパーツごとに最新技術を採り入れながら随時更新していく方法が、もっとも効率的かつ合理的なのである。

結果として、郵政のシステムは、当面は不要な部分を取り除いたスリムなシステムを目指すことになった。システムはスリムであればあるほど、それだけバグも少なくなる。

もちろん、必要に迫られてそうせざるを得なかったというのが実情だ。郵政民営化を実現するには、何としてでもシステムの構築を間に合わせなければならない。時間は限られているし、人員も予算も無尽蔵に使えるわけではない。

筆者は、官僚たちが投げてきたビーンボールによって降って湧いたこの臨時発生的な問題において、システム構築を間に合わせるためには何をすべきか検討に検討を重ね、不要と思われる部分をすべて削ぎ落としたスリムなシステムに仕上げることを目標にした。それしか手がなかったのである。

ビジネスの世界では、この手法を「プロジェクトマネジメント」と呼ぶ。その正確な定義は専門家の手に委ねるが、おおよその意味としては、問題を解決する際に、最善の策をチョイスするために、時間、資金、人員配置などさまざまな面から戦略を検討する方式ということになる。筆者は、まず現場の開発関係者らと目的を共有し、プロジェクトの終了時期を明確に設定した。筆者には、全体を仕切る「プロジェクトマネジャー」として、時間や資金、人員に制約があるなかで最低限の品質を確保するために、全体のバランスを見ながら、進捗をうまくコントロールしていく役割が求められた。

この郵政のシステム構築に際して、筆者は構築から稼働に至るまでの詳細を工程表にまとめ、公表している。それを見れば期限までに間に合うことは一目瞭然だったが、中身を読んで、「これは役所としては初のプロジェクトマネジメントの好例だ。ちゃんと最善の方法を選択している。きっと成功するだろう」と評価してくれたのは、IT系の記者ただ一人。その他のマスコミはもちろん、総務省や郵政公社などの反対派からは、「1年半でできっこない」と激しく批判された。

嵐のような「郵政選挙」が恵みの雨となる！

システムの構築がちゃんと間に合うことを文書で示しても、筆者らに対する反対派の攻撃は一向にやむ気配はなかった。筆者は反論したが、何を言ってもムダである。悪意の塊である反対派を黙らせるには、口で何を言っても意味がなく、成果で示すしかない。

その最中の2005年、日本全土を揺るがす大きな事態が国会で起こった。8月、参議院で「郵政民営化関連法案」が否決され、局面の打開を図るために、小泉首相が衆議院を解散するという大博打に出たのだ。そして、歴史的な「郵政選挙」がスタートした。

今振り返ってみても、このときの選挙は凄い選挙だった。その後の展開次第によっては、郵政民営化の成否がどちらに転ぶかわからない紙一重の状況だったが、結果はご存知の通りである。

一方で選挙期間中、システム開発は2カ月ほどストップした。ギリギリの人員、ギリギリのスケジュールで開発を進めることを余儀なくされていた筆者は、若干の余裕ができたことに心底ホッとした。現場のエンジニアたちも同じ気持ちだったようだ。

しかし、当初、郵政民営化のスタートは2007年4月からと決まっていた。なので、このままでは4月の稼働に間に合いそうもない。竹中氏に「どれくらいで稼働できそうか」と尋ねられ、「民営化スタートから半年後の10月です」と答えた。竹中氏経由でその話を聞いた小泉首相は、「作業が2カ月遅れたなら、稼働も2カ月遅れるだけだろう。どうして、そういうことになるんだ」と、周囲に対して怒りを露わにしていたと伝え聞いた。小泉首相の問いに、首相周辺の人物は誰も答えることができず、結局、筆者が呼ばれて事情を説明することになった。

2007年4月に発足する予定だった日本郵政株式会社は、すぐに上場するわけではない。非上場会社の場合、もっとも短い決算期間は6カ月になる。つまり、4月スタートが無理なら、次の機会は半年後の10月ということになる。上場するなら四半期システムを構築する必要が生じるが、日本郵政の上場はだいぶ先の話だ。

にもかかわらず、先にシステムだけ完成させても、まったく意味をなさない。使わないシステムを開発しても宝の持ち腐れになるだけだし、その分システムが複雑になるため、バグが発生する可能性だってなくはない。

したがって、年度システムあるいは半期のシステムだけ完成させれば充分、という理屈になる。もともと「民営化に間に合わせる」という目的を達成するために、あえて四半期システムの構築は後回しにしていた。そうしなければ、期限までに構築することが難しかったからである。小泉首相はその説明に納得した様子で、会議の場で「む！」とだけ頷き、それきりその話題は終息した。おかげで、当初の予定より4カ月ほど開発期間が多く与えられることとなったのである。

そして2007年10月1日、つつがなく民営化はスタートした。システムの稼働当日、ちょっとした操作ミスはあったが致命的なものではなく、応急対応で事なきを得た。こうして、筆者はようやく重圧から解放された。小泉首相からは「よくやってくれた」と労いの言葉をいただき、すごく嬉しかったことを覚えている。

システムというシンプルな置き土産

官公庁が採用している大規模システムは、どうしても「過剰スペック」になりがちである。筆者が手がける前まで、郵政のシステムも同様だった。なぜそうなるかといえば、システムを発注して実際に使用する側の官僚が、素人だからである。

素人だけに、開発業者から「ついでにこの機能もつけておきましょう」「何かがあったときに困るかもしれないので、このプログラムを入れておけば安心です」と勧められると、勧められるがまま反論できない。予算が許すかぎり、業者の提案を唯々諾々とほぼ丸呑みしてしまうのだ。

官僚のなかには、探せば筆者のようにシステムに強い奇特な人物もいなくはないのだろうが、99・9％の官僚はシステムのプロではない。しかも官僚は、「責任」に敏感である。業者の提案に逆らってプログラムや機能の追加を断ったとして、もしその後に何らかの不具合が発生したり、業務に支障が生じたりすると、担当者の責任になってしまう。それを嫌って、「予防措置的」に業者の意見を丸呑みしてしまい、結果としてムダの多いシステムができあがってしまうのである。

筆者も官僚であったから、そうしたくなる気持ちは理解できなくもない。筆者だって、もしプログラムが読めなかったら、業者の提案をすべて受け入れてしまう可能性は充分にある。業者にしても、過剰スペックにしたほうが儲かるため、できればシステムは豪華に仕立ててもらったほうがありがたい。このような両者の思惑が働くことによって、官公庁のシステムはどうしても過剰スペックになりがちだ。こうした豪華スペックも、すべては税金で成り立っていることなど露ほども考えず……。

ただ、一般の人も、日常生活で似たような経験をしたことがあるのではないだろうか。たとえば、自動車の車検で、ディーラーや整備士からの「良い機会だから、ついでにこのパーツも交換しておきましょう」というアドバイスに従い、まだしばらくは使えそうな幾つかの部品を併せて交換した結果、トータルの車検費用がポーンと跳ね上がることがある。官公庁のシステム開発も、それと似た構造である。一般社会でも官僚の世界でも、プロとアマの間には、いわゆる「情報の非対称性」が厳然と存在しているのだ。

手前味噌で恐縮だが、筆者が関わった当初の郵政のシステムは、極めてスリムでシンプルなものに仕上がったと自負している。それができたのは、筆者自身、プログラムを書くことができ、そのスキルを駆使して、システムを一から組み上げた経験があったためである。かつて大蔵省のシステムを発注する際には、仕様書も基本的に筆者が作成し、中身のほとんどを実際のプログラム、すなわちコンピュータ言語で書いてしまった。

もちろん筆者は真のプロではないから、プログラムの〝清書〟は業者に依頼した。筆者のまとめた仕様書を見たエンジニアたちは、「これじゃあ過剰スペックになりようがないですね」と、そのシンプルさに舌を巻いていたようだ。だからこそ、郵政のシステムは「過剰スペックの罠」に陥ることがなく、シンプルなシステムたり得たのである。

現在の日本郵政のコンピュータシステムはどうだろうか。もちろん何度もバージョンアップが重ねられ、機能も拡張されているはずだから、当時とは似ても似つかないシステムになっているだろう。筆者はとにかく、「シンプル」なものが好きなのだ。たぶんそれは、筆者が数学科出身だからだろう。数学の素養がある人間は、シンプルなものに美しさを感じるのである。

シンプルという意味では、先ほども少し触れた筆者が1990年代に組み上げた財務省の「ALM（資産・負債総合管理）」も、極めてシンプルな構成に仕上がっている。郵政のそれよりも、中身ははるかにシンプルできれいだ。

実は、筆者が財務省に疎まれるようになってから、「ALM」について、妙な噂を立てられたことがあった。「髙橋がつくったALMには、○○年○月○日にシステムが自動停止する時限爆弾のようなプログラムが仕込まれている」という根も葉もない噂を流されたのだ。もちろん、嘘っぱちである。

ところが驚くべきことに、財務省はその噂を信じたようだ。筆者の答えは、もちろん「そんなことしていません。するわけがありません」というものだ。仮に筆者に悪意があったとしても、開発当時はそんなことができる余裕は一切なかった。目の前の課題をクリアすることに、とにかく必死だったのである。

ただ、その説明に納得できなかったのか、財務省は密かに業者を呼んで、システムの中身を調べさせたらしい。結果として、時限爆弾はセットされていなかった。筆者にいわせれば、そんなことは当たり前、まったくの噴飯ものだ。アメリカだったら「国家反逆罪」に問われて死刑にもなりかねないような重大犯罪を目論むわけがない。

後で人づてに聞いた話だが、システムをチェックした業者の担当者は、「時限爆弾どころか、大変きれいでシンプルなシステムです。ムダがまったくありません」と感心していたという。

郵便事業の衰退を救う手は本当にないのか？

経済学的に理解不能な「民ではできない」論

何をするにせよ、新しいことを始めるときには不安がつきものである。不安を口にし始めたら、それこそきりがない。郵政の民営化にしたって、単なる〝手続き〟だけで国営を民営にしただけでは意味をなさない。企業経営のプロである民間の有能な人材を抜擢し、その知見をうまく採り入れて収益が上がる体質に変えていく必要がある。

もっとも、有能な人材が来てくれる保証はないし、仮に来てくれたとしても、郵政に馴染まない可能性だってある。つまり、実際にはやってみなければわからない世界なのだ。かといって、「100％うまくいく保証はない」からといって手をこまねいていても、郵政は沈没するだけだ。

だからこそ、民営化によって郵政は民間企業として経営の自由度を高め、自由な事業展開や弾力的な経営ができるようにすべきだった。民営化により、民間の創意工夫を生かして効率的な経営を可能にすることで、たとえ落ち目の郵便事業であっても、それまでに培ってきたノウハウを活かして、新しいサービスの提供を行っていくことが期待できたのだ。

これによって会社全体の経営の健全性が保たれ、たとえば郵便料金を値上げすることなく、郵便サービスを提供していくことができるはずだと考えていた。後述するが、全国に2万4000局以上あった郵便局にしても、経営を自由化すれば、そのネットワーク機能を存分に生かして、たとえば、コンビニエンスストアのような小売事業も可能になる。そして、それは国民のメリットにも直結する。

金融事業についても、同じことがいえる。官業のままではその莫大な資金を、資金が不足している企業や家計に貸しつけることができないという縛りがあり、それが経済全体の活性化を阻害している側面があった。そこで、国の関与を廃し、民間企業と同一の条件で自由な経営を可能にする。これによって民間に資金が流れるだけでなく、従前の単品販売的な金融サービスがもっと多様化するという、メリットも得られることが想定された。

経済学の見地から民営化を考えると、そもそも経済学者の大多数は、「民営化は望ましい」という立場に立っている。経済学の議論では、民営化する理由が必要なのではなく、民営化すべきでないケースに理由が必要なのである。要は、民営化する理由が特に存在しなくても、民営化すべきではないという積極的な理由が見つからなければ、民営化するべきだという考えが主流なのだ。わかりやすくいえば、「官は民でできないことだけをやる」「民でできることを官でやってはならない」「民にできることは民にやらせる」という論理になる。

では、郵政はどうだろうか。考えてみればわかるが、郵便、郵便貯金、簡易保険のどれをとっても民間事業として運営していくことが可能だ。実際、宅配事業を営んでいる企業にしても銀行にしても、あるいは生命保険会社にしても、自らの創意工夫で経営をきちんと成立させている。「それと同じことは民営化された郵政にはできない」という前提に立つこと自体、理解不能だ。

前述の経済学的な考え方に照らし合わせてみれば、民営化すべきではない積極的な理由は見つからないことになる。もちろん、民営化すれば「茨の道」を歩むことになる可能性もあるが、それでも「民」の力を借りて前に進む以外に道はなかったのである。

役人お断り、民間人のみのブレストからビジネスを起こす！

そこで、郵政民営化準備室にいた頃、竹中平蔵氏から10人くらいスタッフを持ってもかまわないとの許可を得たので、餅は餅屋とばかり、民間人ばかりを集めた一風変わったプロジェクトチームを結成した。人にお願いしてメーカー、金融機関、保険会社、不動産などなど、多士済々な人物に集まってもらったのだ。

もちろん、役人は一切入れてはいない。役人で新しいビジネスを考えつくような頭の持ち主など皆無であり、それどころかどうせスパイをしに来るか、足を引っ張りに来るぐらいが関の山だということくらい、とっくにわかっていたからだ。

こうして、新しいスタッフに毎朝来てもらっては、各々の得意分野ごとに筆者が「新規事業でこれはできないか？」「あれをやるには費用はくらいか？」「民間の感覚で、こんなふうにやったらいくら儲かる？」ということを質問する。彼らは出向してきた、まだ30代そこそこの若者だから、パソコンを使っての計算から何から非常に手際がいい。これが窓際のロートルや役人だったら、そのようにはいかなかっただろう。

とにかく新規プロジェクトのマネジャーになった気分で、さまざまな計算をしてもらった。不動産の賃料計算などは、まさに本職でなければとてもできない。もちろん彼らにしてみれば、ここで新規ビジネスが成立したら、その後の本格的な商取引も視野に入ってくるから真剣だ。

一方、筆者もそうした新規ビジネスを役人や政治家にプレゼンする際、「なんでビジネスを知らない髙橋が、そんなプランを？　本当にできるのか？」などと突っ込まれても、「いや、これは私ではなくて、きちんとしたプロが試算したものです」と説得力を持って答えられたから、非常に有益だったのである。おそらくこのようなことを筆者がやっていたことなど、竹中氏などごく一部を除いて知らなかったに違いない。

こうして1年ほど、若手民間人とのプロジェクトは続いた。すべてはジリ貧の郵便事業を何とか立ち行かせるための試行錯誤だったのである。

モラルなき郵便局の呆れたサービスマナー

前にも触れたが、郵政の事業のなかでも圧倒的お荷物が郵便事業である。郵便事業がなぜ厳しいかといえば、第1章でも説明したように、インターネットの普及で紙媒体の郵便物が減少の一途を辿っているからだ。その状況は現在も変わっていないどころか、むしろ加速しているといってもいい。

それとともに、郵便事業の「高コスト体質」も大きな問題だった。なにしろ140年以上にわたって培ってきた局舎ネットワークは全国2万4000局に上り、そこで働く従業員は20万人を超えていたのだ。ネットワークは武器にもなるが、その分、維持コストも大きい。これらを維持するだけでも、相当の経費が必要になる。経営改革やコスト意識の醸成が急務だったが、従業員はすべて公務員だけに組織には〝お役所体質〟が蔓延していた。

前章で説明したように、特殊法人の経営のあり方も極めてずさんだったが、郵便局の経営実態もそれと同じくらい、いや、それ以上にお粗末なものだった。郵政民営化の基本方針の策定に携わっていた際、筆者は郵便局の状況を観察するために、いくつかの郵便局を視察したことがある。そのときの衝撃は今も忘れることができない。

筆者が特に驚いたのは、郵便局の現金管理のずさんさである。某郵便局を訪問した際、窓口の後ろのデスクの上に、現金が無造作に山積みされている光景に出くわした。利用者から受け取ったお金を、そのままデスクの上で管理していたのである。「このような管理の仕方では、現金事故が絶えないのでは？」と尋ねると、「はい」という答えが返ってきて、二度ビックリした記憶がある。

なぜそんなことになっていたかというと、当時の郵便局ではレジが使用されていなかったためだ。現在の郵便局では、たとえば切手などを購入したときに、顧客に対してきちんとレシートが発行されるが、以前はレシートの類は一切発行されなかった。無論、レジが使われていなかったのだから、当然といえば当然だ。このような方法で、現金の出入りをまともに管理できるはずがない（しかも、自分のではなくお客の大事なお金なのだ）。

そこで､筆者は当たり前だがレジを導入することを提案した。ところが、これに対し「昔はなかった」「何でレシートを出さないといけないんだ」と反発があったのだ。これに対し筆者は「企業として当たり前のことだ」と譲らなかった。こうして、郵便局にレジが導入されるようになったのである。

それとともに、営業時間が終了した後に、店内の現金をすべて郵便貯金のＡＴＭに預け入れてしまう方法を提案した。これにより郵便局での現金事故は大幅に減った。こうしたエピソードからもわかるように、郵便局の経営実態はとにかくずさん極まりなく、かつ職員の考えは時代から遠くかけ離れたものであった。この一事を見るだけでも、郵政の民営化は不可欠だったことがわかろうというものだろう。

さらに、もう一つ付け加えるならば、郵便局が発行している「郵便切手」の管理にも、大きな問題があった。

本来、郵便切手は国民がいつでも郵便サービスを利用できるように、あらかじめ料金を支払った証しとして受け取り、後にサービスを利用するときに、はがきや封筒などに添付する「金券」という位置づけになる。

たとえば、当時の80円切手（現在は82円切手）は、郵政にとっては80円の「前受郵便料」に該当し、この切手が利用されるとき、つまり1通の封書を配達するというサービスによって、郵政は利益計上できる。そのため切手は、国民にとっては国に対する債権ということになり、一種の金券という性格を持つといえる。

考えてみればわかるが、おそらく日本中の家庭や金券ショップには、未使用の切手がそれこそ山のように眠っているはずだ。それらの個人や法人が保有している未使用切手の残高は、郵便事業のバランスシート上は「負債」であり、保有者全員がある種の「債権者」となる。

たとえば、「商品券」や「図書券」はデパートや書店にとって債務であり、未使用残高が負債に計上されるのと同じように、郵便局が切手を販売することは、負債が増加することを意味している。そのため、切手の取り扱いには相応の財務戦略とリスク管理が必要になるが、民営化前の郵便局にその発想は皆無だった。レシートを発行していなかったのだから当然のことだ。

この、いわば「隠れ債務」ともいえる巨額の未使用残高は、一体どの程度まで膨れ上がっていたのか。もはや、民営化以前の全貌は不明である。今ではちゃんとレシートが発行されているため管理できているが、民営化していなかったら、おそらく現在もそのままの状態が続き、経営上の大問題になっていたのではないだろうか。

役人に任せていると、こういった非常識なことがまかり通ってしまう。「官業」というものの恐ろしさを、筆者はこのときまざまざと見せつけられた思いがし、背筋が寒くなったことを覚えている。

コンビニ化を目指す郵便局改革

2012年に改正郵政民営化法（筆者は「改悪」郵政民営化法と呼んでいるが）が成立

し、日本郵政の下に郵便と郵便局をひとくくりにした「日本郵便」をつくり、「ゆうちょ銀行」「かんぽ生命」とともにぶら下げる3分社化体制が決定された。

小泉政権下で郵政民営化の制度設計を担当した筆者のそもそものプランは、持株会社の下に「郵便」「郵便局」「銀行」「保険」という事業形態が異なる4社を位置づけるものだった。つまり、郵便事業と郵便局は別会社にすることを考えていたのである。4分社化したほうが、メリットを得やすいと考えたのだ。

郵政の特色は、「郵便貯金」と「簡易保険」という金融事業と、「郵便」という非金融事業が一体として行われていることに加え、郵政3事業の顧客窓口である「郵便局」のネットワークという貴重なハードウェア、すなわち経営資源を持っていることだ。

140年以上にわたって構築されてきた約2万4000拠点の郵便局ネットワークのなかで、郵便事業に使われているのは、実は一部にすぎない。多くの郵便局は、金融業務の顧客サービス拠点として使われていた。つまり、郵政の事業は表面上は3事業だが、金融業務の顧客サービスの拠点となっていることから、郵便、郵便局ネットワーク（顧客窓口）、郵便貯金、簡易保険という4つの機能があるといえる。

ただ、金融業務には相応のリスクがともなう（たとえばバブル崩壊時の金融機関のように、多額の不良債権を抱えてしまうことなど)。それを考えると、金融事業と非金融事業を分離して金融事業からのリスクを遮断する必要がある。筆者が「郵便」「郵便局ネットワーク」「郵便貯金」「簡易保険」の4分社化を提案したのは、こうした郵政の特色とリスク遮断という制約をクリアできるうえに、4つの機能をそれぞれ自立させることができると踏んだからだ。たとえば、「郵便物」の集配機能を「郵便局ネットワーク」の顧客窓口機能から分離して「郵便(会社)」に集中させることにより、集配局の効率化などを図ることができる。もちろん窓口では、従来のような3事業のサービスを提供するメリットもそのまま確保できるわけだ。

また、地方自治体や住民からは、郵便局の地域社会における重要性を指摘する意見も挙がっており、「郵便局ネットワーク」を充分に生かせるような新しいビジネスモデルが構築できれば、大きなビジネスチャンスを創出できる。

そこで、一つのアイデアとして考えていたのは、地方公共団体から郵便局へ業務委託してもらい、郵便窓口を各種行政サービスの窓口としても利用できるようにするというものだ。さらに、郵便局そのものが郵便貯金のような負債を背負って金融商品を提供するのではなく、個人向け国債や地方債、あるいは民間の証券会社等の金融商品の販売に徹した手

4社化で新規業務を開拓していればしっかり稼げた！

4社化（新規業務等なしケース）の総資産利益率（%）

	2016年度	2017～21年度平均	備考
郵便事業会社	0.24	0.14	0.96（東証上場陸運企業平均）
郵便貯金会社	0.10	0.05	0.20（大手4グループ平均）
郵便保険会社	0.04	0.04	0.12（生保大手9社平均）
窓口ネットワーク会社	1.43	0.55	2.40（東証上場小売企業平均）

4社化（新規業務等10割達成ケース）の総資産利益率（%）

	2016年度	2017～21年度平均	備考
郵便事業会社	0.88	0.77	0.96（東証上場陸運企業平均）
郵便貯金会社	0.22	0.18	0.20（大手4グループ平均）
郵便保険会社	0.04	0.04	0.12（生保大手9社平均）
窓口ネットワーク会社	3.68	2.69	2.40（東証上場小売企業平均）

出所：筆者試算

数料ビジネスを手がけることも可能だ。こうした〝行政サービスのコンビニエンスストア〟と、さまざまな金融商品を販売する〝金融スーパーマーケット〟は、有力なビジネスモデルになるに違いないと考えた。

もちろん、行政サービスや金融商品のコンビニに限定せず、拠点を〝正真正銘のコンビニエンスストア〟、すなわち物品販売の拠点に転換することだって可能だ。局内のレイアウトや事務フロア、業務フロアの見直しを実施すれば、グループ外の商品を受託販売するスペースを用意することはできる。要は、多角経営だ。

これは、郵便局の利用者から見ると従来のサービスを受けながら、民営化にともなう新たなメリットを充分に享受できるモデルである。これはまさに先ほど触れた、民間人とのブレストで出てきた発想の賜物だ。

郵便局のネットワークは広域かつ膨大だ。分社化にともなう改革によってそれを活かせば、チャンスは無限に広がっているし、大きなシナジー効果を得られるであろう。民営化の制度設計に際し、筆者は郵政事業の将来像をそのようにイメージしていた。

切り札は不動産活用にあり

郵便事業の立て直しの切り札としては、「物流」と「不動産」という二つの柱も考えていた。具体的には、郊外の拠点を活用した物流の配送センター業務（これについては説明不要だろう）と、都市部での不動産開発である。

実は郵便局は、駅前などの好立地に位置しているところが多く、一等地に建っている局舎は、不動産としての価値がすこぶる高い。そのため、局舎を活用した不動産事業を新たな収益モデルの一つとして考えたのだ。

実際、民営化後の２０１２〜２０１３年には、東京駅前にあった旧東京中央郵便局の敷地に高層ビル「JPタワー」と、低層の商業施設「KITTE」がオープンし、大きな収入源となっている。「KITTE」は、日本郵便が手がけた最初の商業施設としても注目された。

これも実は、前述の民間ビジネスパーソンとのブレストで検討した案件だ。端的にいえば、東京駅前という超一等地で5階だけの建物、しかもやっているのは郵便業務だけというのはあまりにもったいない。丸の内は歴史的建造物をうまく利用した建物が多いので、中央郵便局の外壁は残し、その上に商業施設とオフィス部分を建てれば、確実に儲かると考えたのだ。

そして、プロジェクトチームの一員に試算してもらったところ、案の定、毎年100億～150億円の収入は見込めるという結果が出た。実は、筆者は本当はビルの管理費もバカにならないから、空中権だけ売るだけでも良かったのではとも考えているが、いずれにせよ、これは成功例といっていいだろう。

もちろん、郵便局が所有する不動産の一等地は、何も東京だけに限らない。事実、名古屋や博多などにも、ここ1、2年で開業予定の商業施設があり、またその他の地方では既に入居が始まっているオフィスビルやマンションなどが建ち並びつつある。これらは、いずれも新たな収益の柱として大いに期待できるはずだ。

しかし、それにつけても郵便と郵便局が別会社として経営していれば、よりシナジー効果が見込めたかもしれないと思う。

前述したように、改正郵政民営化法の成立により、日本郵政グループは、親会社の下に3社をぶら下げる体制になった。つまり、郵便と郵便局を一緒にした「日本郵便」と「ゆうちょ銀行」「かんぽ生命」の3社である。

郵便事業と郵便局事業が統合された日本郵便は、相乗効果があまり期待できない事業同士が混然一体となって経営されているような状態だ。前の項で説明したように、郵便局では多角経営が実践されており、数は少ないものの、直営コンビニ（ローソン）を併設営業している店舗も存在する。

そう考えると、現在の日本郵便は、「物流」と「コンビニ（小売）」と「不動産」の会社が一緒になって経営しているようなものだ。わかりやすくいえば、ヤマト運輸とセブン-イレブンと三菱地所が合併したような状況になっている。これでは、どこに注力して良いかわからず、経営の焦点がぼやけてしまう可能性がある。

おそらくは、「一緒にしたほうが楽だ」という安易な発想が元になっているのだろうが、機能的なことを考えれば、郵便事業と郵便局事業はやはり切り離すべきであろう。

非常識な金融のユニバーサルサービス義務

郵政の3事業は、都市部などの人口密集地の収益を過疎地に補塡する形で、全国一律の「ユニバーサルサービス（地域による分け隔てのないサービス）」を維持してきた。郵政民営化を考えるときに、このユニバーサルサービスや郵便局ネットワークの維持が問題になった。

しかし、よくよく考えてみれば、郵政事業のなかで真にユニバーサルサービスが必要とされるのは、もっぱら郵便事業だけだとわかる。なぜなら、郵便貯金や簡易保険のような金融サービスについては、地域的な差がまったく生じていないとはいわないまでも、基本的には国内であれば、均一なサービスになっていくことが予想されたからだ。金融サービスは、インターネットなどで電子的な取引を行うことも可能なように、その性格上、自然とユニバーサルサービスになりやすい事業といえる。

したがって、法律などで金融事業にユニバーサルサービスを課す必要性はまったくない。

ユニバーサルサービスのコストを試算してみると（2013年）

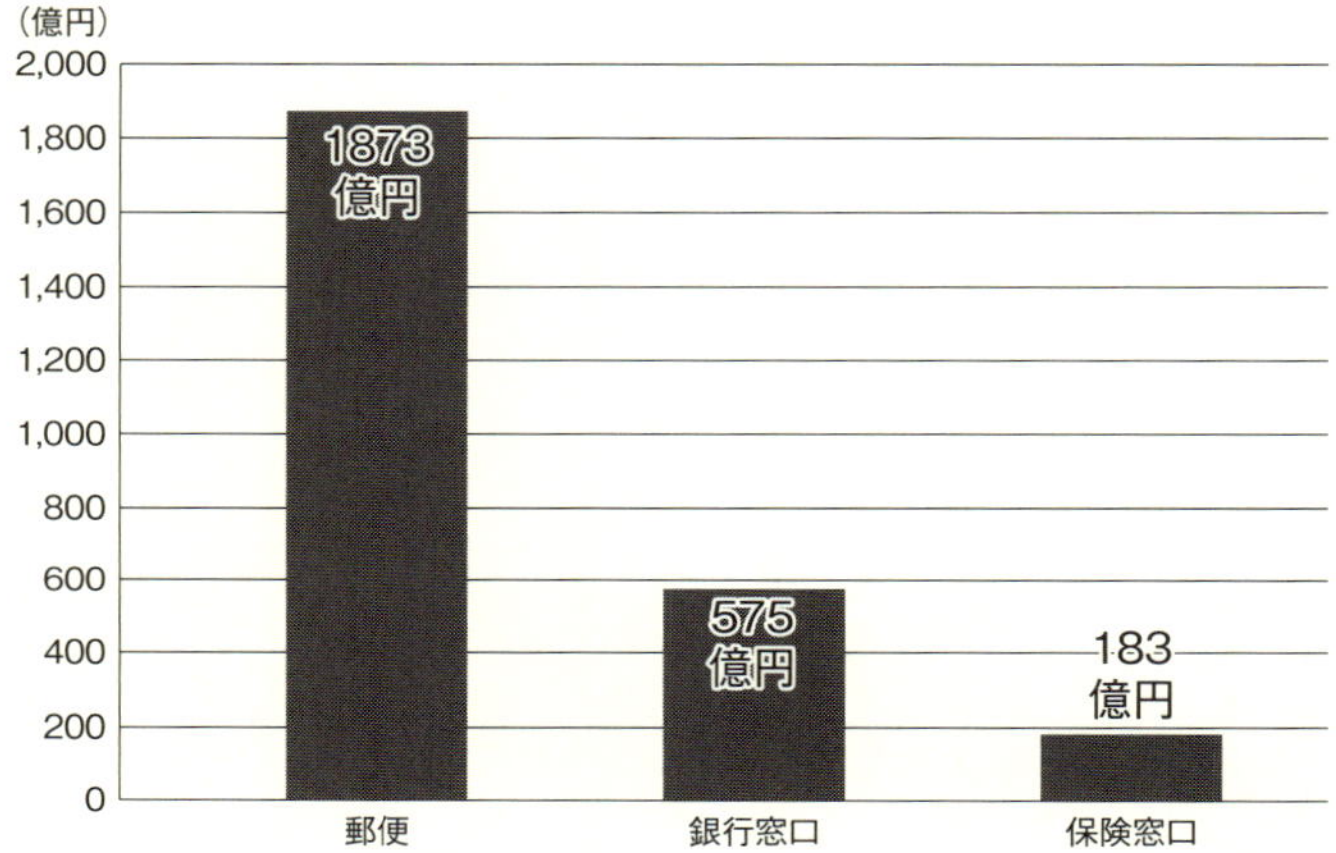

出所：2015年8月26日「情報通信審議会答申（案）」

地域格差がないわけではないが、基本的には、放っておいても国内で均一のサービスを受けられるはずだ。

筆者が小泉政権下で設計した郵政民営化のプランでも、事業リスク分散や適正規模の観点から４分社化体制とする他、金融２社にユニバーサルサービス義務は課さないこと、そして金融２社の株式について２０１７年までに１００％処分とする完全民営化を想定していた。ところが、その後の民主党政権下で、４分社化体制から郵便局会社と郵便事業会社を合併して３分社化体制としたほか、驚くべきことに、金融２社にはユニバーサルサービスが課されてしまったのだ。

先進国のなかで、金融のユニバーサルサー

ビスを課しているのは、唯一、イギリスにおける年金等受取に関わるサービスだけである。それが導入された背景は、同国で民間金融機関の地方での支店閉鎖が加速し、銀行口座を持てない人が増加して、いわゆる「金融排除」が社会問題化したからだ。

イギリスでは、取引円滑化のために2003年から年金などの受取を郵便局での為替等から口座振込へと変更した。そのため、銀行口座を持たない受給者にとって、新たな口座の開設が必要となることから、全国的に基礎的な金融サービスを提供しなければならなくなったのだ。

そこで、こうした「金融排除」の問題に対応するとともに、引き続き郵便局で年金等を受け取ることを可能にするため、イギリス政府と郵便窓口会社、そして民間金融機関は、ユニバーサルサービスを提供するための「三者協定書」を締結したのである。

これにより、口座を持てない人でも、民間金融機関の当座預金口座、民間金融機関の基本銀行口座、郵便局カード口座の3種類の口座から、いずれか一つを選択して、給付金を受け取ることができるようになった。基本銀行口座は郵便局における現金引き出しも可能であると同時に、そのための財政支援措置も決定された。この金融ユニバーサルサービスの対象は、年金・税金の払い戻し、社会保障給付金の受取、銀行口座からの現金の引き出しとなっている。

この話のポイントは、政府、民間金融機関と郵便窓口会社の「三者協定書」という点にある。つまり、郵便局だけをユニバーサルサービスの対象とはしていないことだ。国民に金融のユニバーサルサービスを提供するのであれば、いかなる金融機関であっても、義務とそれにともなう対価が生じるというのは、当然のことなのである。こうした世界の常識から見ると、郵政にだけ金融のユニバーサルサービス義務を課すことはおかしいといわざるを得ない。

日本の場合、過疎地や僻地にも、農協を含む民間金融機関が必ず存在している。そのため、イギリスと同じような「金融排除」が社会問題化する可能性は低く、金融2社にユニバーサルサービスを課す必要などまったくないのである。

郵便局の数は民営化の前のほうが減っていた！

小泉政権が郵政民営化方針を打ち出した際、それに反対する陣営がロジックの一つとして持ち出してきたのが、「郵政が民営化されたら、営利企業として利益を徹底的に追求し

郵便局の数は減っていない※1

	2007年 10月1日	2012年 10月1日	2014年 3月末
営業中の郵便局数	24,116局	24,233局	24,224局
うち、過疎地※2において営業中の郵便局数	7,355局	7,679局	7,689局

※1　簡易郵便局を含む。
※2　旧郵便局株式会社法における過疎地とは、2007年10月1日時点において、離島振興法、奄美群振興開発特別措置法、山村振興法、小笠原諸島振興開発特別措置法、半島振興法、過疎地域自立促進特別措置法及び沖縄振興特別措置法に指定された地域を指す。また、日本郵便株式会社法における過疎地とは、2007年10月1日以降新たに上記7法に指定された地域を含めた地域を指す。両法の過疎地の定義が異なることから、2012年10月1日以降、局数の増減が発生している。
出所：2015年4月1日「日本郵政グループ中期経営計画」

なければならなくなるため、収益があまり期待できない過疎地域の郵便局が切り捨てられ、そこで暮らす地域住民がサービスを受けられなくなる」というものだった。

しかし、である。郵便局ネットワークの見直しは、実は、郵政省時代、あるいは公社時代から既に進められていた。国営か民営かの違いにかかわらず、郵便局の統廃合は実施されていたのである。さらにいえば、国営時代は、なんと毎年70局くらいという、早いペースで郵便局数が減少の一途を辿っていたのだ。

しかし、あるタイミングを境に、郵便局数の減少傾向に歯止めがかかる。それがいつかというと、実は、2007年の民営化以降である。減少傾向に歯止めがかかったどころか、むしろ民営化後は営業中の郵便局数が増加した。その後も、年度ごとに営業中の郵便局数の増減はあるが、基本的には、横ばいの状態が続いている。

さまざまな法律の効力ももちろんあるが、民営化したことによって、かえって郵便局ネットワークの維持が図られたのだ。このことは、本項の冒頭でも紹介した民営化反対派の代表的なロジックが、実はまったく意味がなかったということの証左となったのである。

第4章

改革の中身から透けて見える政治家の質、官僚のレベル

2005年の郵政民営化法成立から2012年の改正郵政民営化法成立までわずか7年。これほど短い期間で、なぜ郵政政策は他に類を見ないほどドラスティックに変わり続けたのだろうか。その間に起きた政権交代という要素だけでは説明がつかない変貌の真相を、政治家、役人、メディア、有識者といった政策、改革に携わったすべて人々の行動・思惑を検証しながら、改めて問い直してみたい。

政治家に必要なたった一つの大事な資質

あらためて見る小泉純一郎という政治家像

郵政民営化を実現した原動力が何かといえば、やはり筆頭に挙げられるのは、小泉首相の「情熱」である。竹中平蔵氏も立役者の一人であり、そのブレーンである筆者も民営化に一役買ったことは事実だが、それでも小泉首相には遠く及ばない。

今あらためて振り返ってみても、小泉首相は本当に凄い人だった。筆者が特に驚かされたのは、小泉首相の政治感覚である。「直感力」と言い換えてもいいかもしれない。

1990年代に財投改革に関与した際、筆者は、郵便貯金がいずれ破綻することをシミュレーションで予測した。自画自賛するつもりはないが、当時、そのことに気づいている人は、筆者以外には誰もいなかったように思う。郵政民営化がかねてからの持論であった小泉首相でさえ、経済学的・制度的な見地からそのことを認識していたわけではない。小泉首相は小泉首相で、あくまでも自身の政治信条に基づいて郵政民営化を考えていた。旧田中派で構成される「経世会」の議員と、「特定郵便局（局長等が代々世襲されることが多いのが特徴とされる郵便局の一形態。2007年の郵政民営化で廃止された）」との間の癒着の構図を断ち切ることが目的だったという意見もあるが、真相はわからない。

2001年に政権トップの座についた小泉首相は、国会議員でも何でもない民間人の竹中氏を大臣に抜擢した。過去に例がなかったことではないが、だからといって、これまでにないレベルで批判の渦を巻き起こすであろう大改革の中心人物に民間人を登用するなど、簡単にできることではない。後で竹中氏から聞いた話だが、小泉首相は〝勘〟で竹中氏を起用したのだという。竹中氏の資質を見抜いたその眼力の確かさには、恐れ入るばかりだ。

実際、小泉首相は、竹中氏のことを100％信頼していた。小泉首相と竹中氏は常に連絡を取り合っており、二人の間は深い信頼関係で結ばれていた。いわゆる〝ケミストリー（化学反応）〟のようなものが、二人の間には確かに存在していたのである。

小泉首相は、竹中氏経由で筆者の「郵政民営化必然論」を聞き、「これは使える！」とピンと来たのだと思う。おそらく、自身の政治感覚と筆者の理論がピタリと符合したのだろう。その証拠に、筆者の説明に異論を唱えたことは一度もなかった。

ここが政治という世界の面白いところで、小泉首相は小泉首相で、筆者とはまったく別の政治的意図で郵政民営化論を主張していた。そこへタイミング良く、筆者のような人間が登場したわけだ。小泉首相の郵政民営化にかける情熱には凄まじいものがあり、執務室でさまざまな報告を行っていた際、郵政民営化に話題が及ぶと、とたんに目の色が変わったことをよく覚えている。

一方で、その他の議題にはほとんど興味を示さなかった。それだけ郵政民営化に執念を燃やしていたのである。

これは人によっては、政治家、特に総理大臣としては「いかがなものなのか」「もっと広い視野から政治を行うべきでは」と思うかもしれない。けれども後述するように、郵政民営化一本にターゲットを絞ったからこそ、あのような大改革を成し遂げることができたのだ。

縁というのは本当に不思議なもので、類まれなるリーダーシップと決断力、行動力を兼ね備えた小泉首相という人物の持論がたまたま郵政民営化で、その担当大臣に任命された竹中氏は、抜群の吸収力と国民へのプレゼンテーション能力を持った人物で、その竹中氏の友人である筆者が、偶然にも郵政民営化の理論的裏づけとなる論文をまとめていた。この3者があの時期にあのタイミングで出会っていなかったら、もしかすると、日本でもっとも大きな既得権益に切り込む郵政民営化という事業は、実現しなかったかもしれない。また、たとえ実現したとしても、時期は大きくズレたのではないだろうか。

オカルトみたいな話で恐縮だが、筆者はこの3者の関係に――3者を同等に扱うようで恥ずかしいのだが――何かしら運命的なものを感じることがしばしばある。「神の見えざる手」とまではいわないまでも、この3人の邂逅には、大いなる何者かの意志が働いたような気がしてならないのだ。小泉首相自身も、「郵政民営化は奇跡だった」と後に述懐していたくらいである。

もちろん政治家だから毀誉褒貶《きよほうへん》はつきものであり、その評価も人によってまちまちであろう。だが、そうした奇跡を成し遂げた原動力は、やはり小泉純一郎という不世出の政治家の存在だと筆者は考える。

「シングルイシュー」こそが目指すべき政治目標

小泉首相の政治手法を語るうえで欠かせないのが、「シングルイシュー」である。この「シングルイシュー」は、「小泉劇場」とともに、小泉政権時代にメディアの間でよく取り沙汰されていた言葉である。

ご存知ない人もいるかもしれないので簡単に説明しておくと、シングルイシューとは、「シングルイシュー・ポリティックス」の略であり、争点を一つの論点に絞って有権者に訴えかける選挙戦術のことだ。かつての小泉政権の場合は、「郵政民営化」がそれに該当するといっていいだろう。最近でいえば、「脱原発」などが典型的なシングルイシューの論点である。

シングルイシューは、有権者にとっては「わかりやすい政治」の象徴とされる一方で、デメリットが多い選挙戦術でもある。極めて複雑な政治的ファクターを単純なシングルイシューに集約することで、他の重大な問題から国民の目をそらす目的で使われることがしばしばあるからだ。メディアが小泉政治のシングルイシューを論評するとき、どちらかといえば、後者の否定的な意味合いで使われることが多かった。

しかし、小泉政権と第一次安倍政権の中枢で仕事をした経験がある筆者からいわせてもらえば、大きな政策課題については、シングルイシューで突き進むのは一向にかまわないと思っている。というよりも、むしろ「シングルイシューしかできない」といったほうが正しいだろう。

過去の日本の歴代政権を振り返ってもらえば一目瞭然だが、シングルイシューすら達成できなかった政権がほとんどだ。大半の首相は「ゼロイシュー」で、その任期を終えてしまっているのである。

間近で見ていたからわかるが、政治の世界というのは、本当に過酷な世界であり、そこで生きる政治家には苦労が絶えない。もちろん官僚組織も一筋縄ではいかないが、政界の厳しさに比べれば、まだ可愛いほうである。

首相は、日本の最高権力者である。しかし、いくら強大な権力を握っているからといって、法治国家である日本では、首相といえどもきちんと手順を踏まなければ、自分の思う政策を推し進めることはできない。「ポリティカル・キャピタル（政治的資源）」という言葉もあるように、首相になっても、使える力には制限があるのだ。何をするにしても、まず「法律」を成立させなければ話が始まらない。日本はどこかの国のような独裁国家とは違うのである。

まして改革の実現に際しては、大きな政治的リスクも背負うし、とにかく尋常ではないエネルギーが求められるのである。そのことは、第二次安倍政権の安全保障関連法案をめぐるドタバタを見てもわかるはずだ。

そう考えると、小泉首相が実現した郵政民営化は、ものすごい改革だった。シングルイシューだろうと何だろうと、あれだけの改革を成し遂げられたのは、「変人」とも揶揄された小泉首相だったからにほかならない。

小泉首相がどれほどのリスクを負い、どれだけのエネルギーを郵政民営化に注ぎ込んだかは、当時を覚えている人であれば容易に想像できるのではないか。何しろ、もともと仲間であった自民党内の造反議員の選挙区に対し、〝刺客〟まで送り込んだのだから――。並の政治家なら、あそこまで徹底したことなどできるはずがない。

メディアがどう評価しようとも、基本的に筆者は小泉政権のシングルイシューを肯定する。一つの政権が担える大改革は、一つが限界だ。たとえシングルイシューであっても、それを達成できれば立派なものだと思う。前述のように、ほとんどの政権は「ゼロイシュー」で終わってしまうのだ。

その意味でも、あれだけの改革を成し遂げた小泉首相は凄かったとあらためて思う。

民主党ご乱心の舞台となった「小泉劇場」

9月11日——。

この日付を見て、何を思い出すだろうか。大多数の人は、2001年9月11日に発生した「アメリカ同時多発テロ事件」を思い起こすに違いない。

しかし、筆者にとっての9月11日とは、その4年後の2005年9月11日のことだ。この日、日本中の国民がある出来事の帰趨に注目していた。2005年9月11日とは、第44回衆議院議員総選挙、いわゆる「郵政選挙」が執行された日である。

2005年8月、チーム竹中と郵政民営化準備室が中心となってまとめた郵政民営化関連法案が、参議院で否決された。そこで、郵政民営化の是非を問うために、小泉首相は衆議院を解散し、翌月の9月11日に総選挙が実施されたのだ。

このときの選挙は、本当に凄まじかった。自民党内からは造反議員が続出したこともあり、選挙戦の展開次第では、郵政民営化がどちらに転ぶのか、まったく予断を許さない状況であったのだ。もし野党連合が勝利すれば、郵政民営化は間違いなく実現しなかったであろう。

この総選挙は、郵政民営化の道のりのなかで、間違いなく最大の危機であったと断言できる。小泉首相と竹中氏にとって、郵政選挙はまさに天王山だった。小泉首相の意気込みは、解散直後の首相演説によく現れていた。「不退転の決意」という言葉があるが、あのときの小泉首相の心の内は、まさにそんな感じだったのだろう。

結果として、天は郵政民営化に味方したが、重要なのは、野党第一党の民主党が民営化に賛成なのか反対なのか、今いちはっきりさせないまま、「小泉劇場」の前に埋没してしまったことだ。

このとき、民主党は明らかに対応を誤った。もともと民主党は郵政民営化に賛成だったはずが、対決色を強めなければならない野党の性《さが》で、「民営化には反対。公社のままで良い」と表明してしまったのだ。その結果、選挙で大敗を喫することになったのである。しかもこれこそが、後の郵政民営化〝改悪〟の伏線になったのだ。

民主党の支持基盤といえば労働組合である。だが実は労働組合に属する人々は、郵政民営化が実施されても、それほど大きな影響は被らない。民営化で困るのは、むしろ主に自民党郵政族の支持基盤である特定郵便局長、あるいは郵政官僚たちである。

実は本気で反対していたのは、この両者くらいだったのだ。雇用の確保の方針を早くから政府が打ち出していたので、労働組合は強く反対していたわけではなかった。つまり、民主党は民営化に反対する必要などなく、むしろ賛成すべきだったのに、明らかに戦術を誤ったのだ。

小泉首相の電撃的な衆議院解散で選挙を戦わざるを得なくなった民主党は、対抗軸を明確に打ち出す必要に迫られて、「仕方なく」郵政民営化に反対をしてしまった。その自己矛盾が災いし、選挙は与党自民党の歴史的圧勝に終わった。

このとき国民は、郵政民営化に「Ｙｅｓ」と答えたのである。

一顧だにしなかった麻生総務相の忍耐強い提案

もともと小泉首相の党内基盤は脆弱で、郵政民営化にしても、当初、自民党内で賛成しているのは「小泉と竹中だけ」といわれていたほど、味方は少なかった。小泉首相の支持基盤は、党の外にいた有権者だったのである。

民営化に反対していた自民党議員のなかには、小泉内閣で閣僚を務める人物も含まれていた。その急先鋒といえる存在だったのが、後に首相を務めた麻生太郎氏である。

麻生氏は、小泉内閣で総務大臣を務めていた。総務大臣といえば、郵政を管轄する総務省の主である。経済財政諮問会議では、総務官僚の意向を受けた麻生総務相が、事あるごとに郵政民営化に反対の立場を取った。会議に参加しているメンバーで、唯一、反対を表明していたのが麻生総務相だったのである。

経済財政諮問会議の場で、郵政民営化案を初めて目にした麻生氏は、その後、何度も反撃を試みる。それを受けて立ったのは、基本的には外部有識者からなる民間議員たちだ。竹中氏も加勢はできるのだが、会議の進行役を任されていた事情から、民間議員たちが麻生氏とそのバックについている総務省に対抗した。他の省庁は民営化に対して表立った態度は取っておらず、「どちらでもいい」というスタンスのようだった。財務省にしても、郵政が民営化されれば国債の売却先が一つ減ることになるため消極的ではあったが、それでも「反対!」という立場には立っていなかったのである。

経済財政諮問会議における民間議員と麻生氏の対決は、さながら〝デスマッチ〟の様相を呈していた。総務省もチーム竹中もギリギリまで会議に提出する資料を検討しているために、いつもぶっつけ本番で真剣勝負の議論をかわさなければならなかった。

筆者の役目は、民間議員たちに対して、総務省から送られてくる資料に対する反論のレクチャーである。資料が送られてくるのは会議の1時間前というギリギリのタイミングのことが多く、移動しながらレクチャーすることもしばしばだった。郵政民営化の基本方針を提出するまでに会議は3回開かれたが、そのどれもが紛糾した。

しかし、勝つのは常にチーム竹中側だった。なぜなら、経済財政諮問会議の議長は小泉首相が務めており、最後にどちらの案を採用するか決断するのは小泉首相だったからだ。総務省側がどれだけ対案を出してきても、小泉首相はそれをことごとく突っぱね、チーム竹中案をまるまる採用した。それだけ竹中氏のことを信頼していたのである。

麻生氏としては、はらわたが煮えくり返る思いであったはずだが、ひたすらジッと耐えていた。筆者は、麻生氏の忍耐強さにある種の尊崇の念すら覚えたほどだ。それだけ麻生氏は、経済財政諮問会議という名のリングの上で、小泉首相からコテンパンにやられていたのである。

それでも、麻生氏が民営化に賛成することはなかった。あの「郵政解散」のときも、麻生氏は郵政民営化には反対で、衆議院の解散そのものにも強く反対していた。郵政民営化関連法案が参議院で否決されると、小泉首相は臨時閣議を招集したが、このとき麻生氏を含む4人の閣僚が解散に反対、すなわち解散詔書に関する閣議決定文書への署名を拒否する意向を表明した。

このとき、小泉首相は本気で麻生氏のクビを切るつもりだったようだ。実際、罷免の瀬戸際まで行ったのである。それを間近で見ていた筆者は、正直、「麻生さんはもうダメだろうな」と思っていた。しかし、麻生氏は最後の最後で妥協し、閣議決定文書に署名することになる。つまり、郵政民営化を受け入れたのである。最後まで反対の立場を貫き通して罷免されたのは、島村宜伸農水相（当時）ただ一人であった。結果として、最後まで筋を通した島村農水相は政治家としての株を上げ、最後に妥協した麻生氏は評価を下げることになった。

後に第一次安倍内閣が倒れたときに、麻生氏は自民党総裁の座を福田康夫氏と争うことになった。このとき、小泉氏がどちらを支持するか、その動向に大きな注目が集まった。大方の予想では「麻生支持」に回るものと考えられていたが、その予想に反し、小泉氏は福田氏支持を表明する。おそらく、麻生氏が自民党総裁、すなわち首相の座についてしまったら、「もしかすると郵政民営化を差し戻すかもしれない」と警戒したに違いない。

このときの総裁選は福田氏に軍配が上がったが、福田氏が首相を辞任した後、麻生氏は念願だった首相の座についた。このとき、麻生氏は「郵政民営化見直し」に言及して、小泉氏を呆れさせることになる。

もっとも、小泉氏をはじめ、四方八方からの批判にさらされた麻生氏は、結局、郵政民営化法案を見直すことはなかった。そして約1年後の衆議院議員総選挙で大敗を喫し、民主党に政権の座を明け渡してしまうことになるのである。

信念なき政治の犠牲者はいつも国民という哀しい真理

国民新党に足を引っ張られた民主党の迷走

小泉首相が5年半の任期を全うして退陣すると、とたんに、郵政民営化の前に暗雲が垂れ込め始める。小泉内閣から政権を引き継いだ第一次安倍政権が「消えた年金問題」に足をすくわれる形で参議院議員選挙に敗北し、衆議院は与党、参議院は野党が多数派を占める「ねじれ国会」が出現した。すると、すぐさま民営化の揺り戻しの動きが始まる。糸を引いていたのは、「国民新党」だった。

国民新党は、小泉首相の郵政民営化に反対する議員らが自民党を離脱して（追い出されて）結成した政党だ。自民党の党是が「憲法改正」なら、国民新党の党是は「郵政民営化反対」である。彼らが、郵政民営化を阻止しようと画策するのは、ある意味では、当然のことだった。

他方、党名にこそ「国民」を掲げているが、国民のことなどこれっぽっちも考えていない。郵政民営化に反対するのも、もちろん小泉自民党への反発もあったのだろうが、郵政が官業のままでいてくれたほうが、彼らにとってメリットが多いからだ。要は、特定郵便局長が自分たちをサポートしてくれる、すなわち「票」を投じてくれるからというだけの話にすぎない。

国民新党は、参議院で第一党となった民主党に接近し、連携強化を呼びかけた。その動きを見たとき、筆者は「郵政民営化はダメになるな」と直感した。民主党が国民新党の要求に応じざるを得ないことが確実な情勢だったからである。そして実際、民主党は国民新党と手を結ぶことになる。

そもそも民主党は郵政民営化に反対していなかった！

もともと民主党は、郵政民営化に強く反対していたわけではない。単に、2005年の

「郵政選挙」で対決姿勢を打ち出すために、民営化反対を「仕方なく」主張せざるを得なかっただけだ。したがって、わざわざ国民新党と手を結んで、何が何でも民営化を阻止する強力な動機は持ち合わせていない。

それなのになぜ国民新党と手を結ぶ必要があったのか。それは、是が非でも政権交代を実現させたかったからだ。理念、政策実現よりもまず政権、つまり権力最優先となると、当然のことながら権力を求める者同士が群れをなし、結果、「連立」という名を借りたまさに〝烏合の衆〟が生まれてしまうのである。

自民党政権時の2008年に、民主党は国民新党と共同で、民営化の実施を凍結する「郵政民営化凍結法案」を2度にわたって提出した。このときはまだ衆院の多数を自民党が握っていたため、法案が可決されることはなかった。しかし2009年8月30日、第45回衆議院議員総選挙において歴史的な政権交代が実現し、民主党の鳩山由紀夫内閣が発足すると、筆者らが力を注いだ「郵政民営化」は矢継ぎ早に変質を遂げてしまう。

当時、民主党は衆議院では議席の過半数を握っていた。しかし、参議院では第一党の地位は手にしていたものの、単独過半数には届いていなかった。つまり、民主党だけでは参議院で各種の法案を通すことができない。国会は政権交代前と同じ「ねじれ状態」にあり、そのままでは政権運営に苦労することがあらかじめ予想された。

そこで民主党は、参議院で過半数の議席を確保するために、国民新党及び社会民主党と連立政権を組むことにしたのだ。そのときに国民新党が条件の一つとして持ち出したのが、「郵政民営化の差し戻し」である。民主党は、国民新党と社民党の協力なしでは参院での影響力を行使できなかった。結果、民主党は国民新党の意見を聞き入れざるを得なくなったのである。

もっとも、民主党が呑まざるを得なかったのは郵政民営化の差し戻し法案だけではなく、いわゆる「金融モラトリアム法案」もその一つであった。こうして民主党は、国民新党に足を引っ張られる形で、意にそぐわない政策を次々と打ち出すようになる。後に民主党は沖縄の米軍基地撤退問題など随所で迷走して国民からの信頼を失うようになるが、その兆候は、既に政権発足当初、いや、それ以前から現れていたのである。

もし、民主党が参議院においても単独過半数の議席を確保できていれば、おそらく郵政民営化が見直されることはなかったのではないかと筆者は想像している。今頃、ゆうちょ銀行とかんぽ生命保険は、「普通の銀行」「普通の生命保険会社」として大空高く羽ばたいていたはずであり、国民の巨大な資産が市場原理に則ったガバナンスの下で、日本経済に資する形で活かされていたに違いない。かえすがえすも残念である。

手のひら返しでいきなりの天下り人事

さて、民主党政権が誕生するや否や、さっそく郵政民営化の見直しが具体化していく。いきなり犠牲となったのが、〝三顧の礼〟で日本郵政の初代社長に迎え入れた元三井住友銀行頭取の西川善文氏だ。西川氏は、２０１１年度の上場を目標に民営化を推進していたが、２００９年10月20日、連立与党の一角である国民新党の亀井静香代表（金融・郵政改革担当大臣）に、追い出されるような形で辞任を余儀なくされてしまう。

無論これは、事実上の解任だった。民営化を行うことを前提に、西川氏と同じように民間の金融機関や保険会社から多くの人材が日本郵政に集っていたが、「見直し」の話が出たことで、彼らも皆、もともと在籍していた会社に戻ってしまった。

西川氏の代わりに、民主党が社長の座に据えたのは、驚くべきことに元大蔵事務次官の斎藤次郎氏だった。このときの筆者の印象は、「小泉改革以来続いてきた郵政民営化の取り組みは、これで完全にストップした」というもの。むしろ、「再国有化」へと時代が逆

日本郵政グループ歴代社長とうごめく官僚出身者

社名	社長名	任期	前職等
日本郵政	西川善文	07年10月～09年10月	三井住友銀行頭取
	斎藤次郎	09年10月～12年12月	大蔵事務次官
	坂篤郎	12年12月～13年6月	内閣官房副長官補
	西室泰三	13年6月～	東芝社長
ゆうちょ銀行	高木祥吉	07年10月～09年11月	金融庁長官
	井沢吉幸	09年11月～15年3月	三井物産副社長
	西室泰三	15年4月～15年5月	東芝社長
	長門正貢	15年5月～	シティバンク銀行会長
かんぽ生命	山下泉	07年10月～12年6月	日本銀行金融市場局長
	石井雅実	12年6月～	損保ジャパン副社長
郵便事業	団宏明	07年10月～09年11月	郵政事業庁長官
	鍋倉真一	09年11月～12年9月	総務審議官
郵便局	寺阪元之	07年10月～09年11月	スミセイ損保社長
	永富晶	09年11月～12年10月	住友生命保険専務
日本郵便	鍋倉真一	12年10月～13年6月	総務審議官
	高橋亨	13年6月～	総務省郵政行政局次長

※網部分は元官僚

行したような印象さえ受けた。斎藤元大蔵事務次官が社長に決定する光景を目の当たりにして、「再国有化」だけでなく、「財投（財政投融資）復古」までイメージしてしまったほどだ。日本郵政に残ったのは官僚ＯＢばかりで、もはや実態としても民営化には戻りようもない姿に変わり果ててしまった。

民主党は、野党時代は自公政権以上に天下りを根絶すると表明していた。筆者は、第一次安倍政権のときに公務員制度改革を立案したが、当時から天下りを舌鋒鋭く批判していた民主党に対しては、実は大いに期待していた。福田政権下の２００８年5月、公務員制度改革法の成立が確実になったときに、当時の渡辺喜美行革担当相が涙したことを覚えている人もあるいはいるかもしれないが、あの法案は、土壇場で民主党が賛成したことで成立したのだ。確かに、当時の民主党は建設的で公務員制度改革法の多くを受け入れた。

ところが、いざ政権を取るや、民主党は「天下り根絶」を唱えながらも、実際には官僚に取り込まれ迷走し続ける。前述したように、日本郵政の社長に財務省から斎藤次郎氏が天下っただけではない。副社長に坂篤郎氏（元内閣官房副長官補）と足立盛二郎氏（元郵政事業庁長官）、さらに坂氏の前職であった損害保険協会副会長に牧野治郎氏（元国税庁長官）など、野党時代の民主党なら「天下り」と糾弾したはずの人事を次々と断行したのだ。何度もいうが、いくら次官であろうが長官であろうが、役人に企業の経営は絶対にできない。「民営化」とは、株式の民間所有、すなわち民間人による経営を指すから、つまり、これらの人事は民営化路線からの逆行にほかならなかった。

次々と繰り出される郵政民営化〝改悪策〟

この驚きの天下り人事の2カ月後となる2009年12月、今度は郵政株式売却凍結法が成立した。これにより、ゆうちょ銀行・かんぽ生命の株式上場やかんぽの宿などの不動産売買が、当面凍結されてしまったのである。

さらに2010年4月、郵政改革関連3法案が閣議決定され、衆議院に提出された。それから2年かけて〝改悪策〟への議論がなされ、そしてついに2012年4月、改正郵政民営化法が成立したのである。

改正郵政民営化法の骨子は、筆者らが設計した当初の4分社化案を改め、日本郵政の傘下に、郵便事業会社と郵便局会社を統合した日本郵便の他に、ゆうちょ銀行、かんぽ生命をぶら下げる3分社化体制を敷くというものだ。

子会社が4社から3社に変わったことは、問題ではあるものの必ずしも致命的ではなかった。日本郵便の株を政府が持つことになるので、経営上の問題が多少残る程度である。大問題なのは、ゆうちょ銀行、かんぽ生命の株式の3分の1以上を政府が間接的に持ち続けるということだ。

金融2社の株をすべて売却して完全民営化する当初の案とは、180度変わってしまった。しかも、ゆうちょ銀行、かんぽ生命の株式は、「その全部を処分することを目指し、できる限り早期に処分する」と法律の文言に記されたが、完全売却の期限は設定されていない。要は、3社ともに政府が関与したまま民営化するという「なんちゃって民営化」になり下がってしまったのだ。

考えてみればわかるが、政府が金融機関の株を持ち続ける状態というのは、国が公的資金を注入した場合に限られる。公的資金が注入されるケースというのは、かつての「りそな銀行」や「新生銀行」がそうだったように、金融機関が破綻の危機に瀕した場合のみである。ゆうちょ銀行の株式を政府が持ち続けるとしたら、それは「国営銀行」であり、民間の金融機関とはいえない。「民営化」という言葉自体に矛盾が生じるのである。

世界中のどこを見渡しても、政府が銀行の株式を保有しているケースは見当たらない。もしあるのなら、筆者に教えてほしいくらいだ。

国民負担1兆円増という悪夢

民国社政権が実施した郵政民営化の見直しとは、実質、郵政の「再国有化」にほかならない。その影響は甚大だ。将来において、大きな国民負担が発生する可能性が極めて高く、一人の国民として、とても無関心ではいられない。

前にも述べたが、そもそも「民営化」とは、株式の民間所有、すなわち民間人による経営を指す。政府の出資がなければ、民間とイコールフッティングになり、民間と同じ業務が可能になる。これは、貯金や保険といった金融業務では極めて重要な問題だ。

金融はリスクを引き受けて収益を上げる。しかし、政府が出資して後ろ盾になれば、民間金融と対等の立場で競争していることにはならない。

そのため政府が出資している間は、どうしても業務の制限が必要になる。2015年6月、自民党がゆうちょ銀行の預入限度額を現行の1000万円から3000万円への引き上げを提言したところ、さっそく、民間金融機関から猛反発を食らったのも当然だ。ヘタをすると、WTO（世界貿易機関）などから、不公正取引としてやり玉に挙げられる可能性すら考えられる。

一方、これを株主である国民の目線で見れば、金融業務というリスクの対価で収益を得る性格上、業務の失敗で国民負担になっては困ることになるため、あらかじめリスクを抑えるよう業務に制限を課すということになる。

郵政が民営化すれば、こうした業務の制限がなくなる。筆者が小泉政権下で行ったシミュレーションでは、年間で約1兆円の収益が可能になることがわかった。もちろん民営化したからといって収益を確実に保証するものではないが、民間人の経営者による標準的な経営であれば、その可能性は極めて高くなる。

逆にいえば、政府が株を保有する状態が続けば業務には制約が残り、収益には自ずと限界が生じてくる。結局、20万人近い郵政職員を食べさせていくためには、民営化しなかった場合と比較して、最大で年間1兆円の国民負担（逸失利益）が避けられなくなる。毎年1兆円の潜在赤字が十数年続き、十数兆円規模の累積赤字となったら、その尻拭いを誰がするかというと、結局は国民だ。

改正郵政民営化法は、筆者からいわせれば、「郵政改悪法」、もしくは、「国民負担1兆円増法」と呼ぶべき性質の〝悪法〟である。

売り時を完全に逃したかんぽの宿

自民党の麻生政権時代、そして、その後の民主党政権時代に大きくクローズアップされた日本郵政に関する問題の一つに、「かんぽの宿」の売却問題がある。

小泉政権バージョンの郵政民営化法では、かんぽの宿は、「民営化後5年以内に譲渡又は廃止すること」と定められていた。郵政を民営化するにあたり、それぞれの事業会社は

〝コアビジネス〟に注力すべきと考えられたため、郵政の〝サイドビジネス〟であるかんぽの宿を売却することは、当然の措置だったといえる。しかし、2009年に「郵政株式売却凍結法」が施行され、当分の間、かんぽの宿の譲渡や廃止は凍結されてしまった。結果、現在も営業しているかんぽの宿のうちの多くが、民営化前と変わらず日本郵政によって経営されている。

筆者からいわせれば、郵政株式売却凍結法の成立により、かんぽの宿は「絶好の売り時」を逃してしまった。もともとかんぽの宿は、2008年に正当な入札手続きを経て、オリックス不動産に約109億円で一括譲渡されることが決まっていたが、後に撤回されてしまう。

撤回を余儀なくされた理由はいろいろあるが、一つは、「一括」による売却の妥当性が問題視されたことにある（そもそも問題視されること自体がおかしいのだが）。一括売却とは、全国各地にあるかんぽの宿を施設ごとにバラ売りするのではなく、「まとめ売り」することだ。入札では、かんぽの宿で働く従業員の雇用を最低でも1年は維持することが条件とされた。不動産のみの譲渡になると、数千人に及ぶ従業員が即刻クビを切られて路頭に迷う可能性もあり、それこそ大問題になりかねなかったからだ。

以前、筆者はかんぽの宿の資産を査定したことがあったが、その多くが「不良債権化」していることがわかった。もちろん、すべてが不良債権だったわけではなく、なかには、黒字を計上し続けている優良な施設もあった。黒字施設の代表格は「かんぽの宿 草津」(現在は「伊東園ホテル草津」)などで、優良な施設はどれも立地条件に恵まれた好物件ばかりである。

バラ売りすれば、もちろん「かんぽの宿 草津」などの集客力が高い優良物件は簡単に売却できる。喉から手が出るほど欲しいと思っている企業がたくさん存在するからだ。しかし、不良債権化している物件、すなわち集客力が低く、経営の見通しが立たない赤字物件を、リスクを承知であえて買いたいと思う企業などまずない。もちろん不動産のみという条件なら購入を希望する企業はあるのだろうが、入札の条件は「従業員込みで」というものだった。その条件がある以上、多くの物件が売れ残ることが予想された。だからこそ、一括売却の手法が採用されたのである。

応札した企業のなかで、もっとも高い金額を提示したのが、前述のオリックス不動産だった。しかし、さまざまな思惑に動かされた政治家が介入することによって、一括売却は却下されてしまった。

では、「一括売却」という千載一遇のチャンスを逃したかんぽの宿は、その後どうなったか。結局、日本郵政が保有し続けるしかなくなり、以前のように、赤字を垂れ流しながら経営することを余儀なくされている。ちなみに2015年3月期の決算概要によると、日本郵政の宿泊事業の損益は29億円の赤字だ。

物件も優良なものは売れたが、予想通り、それ以外の施設は売れ残ってしまった。そして、上場に向けて取り繕うように、閉館・休館が相次いでいるような状況だ。やはりあのとき、一括売却しておくべきだったのである。

世に御用メディアの種は尽きまじ

時代劇の捕物帖を見ていると、よく「御用だ、御用だ」というセリフを耳にする。その意味は、いわゆる「お上（政府など）」の用命で犯罪人を捕えることだが、現代では、自主性や主体性、独立性が欠如したものを軽蔑する意味合いで、この「御用」が使われることが多い。たとえば、「御用学者」「御用メディア」がその典型だ。御用メディアとは、時の政府に媚びへつらい、その利益となるような論説や報道を行うメディアのことで、御用学者は、その学者バージョンである。財務官僚時代、筆者はいわゆる「御用学者」「御用メディア」と呼ばれる人々と何度も仕事をしたことがある。

前の章でも少し触れたが、日本の省庁が集まる霞が関には、「審議会システム」というものが存在する。政府が立案する法案は、審議会の答申に基づいて練り込まれる。審議会の委員には、その分野の専門家である学者や有識者が集められるが、これが惨憺たる有様なのだ。

メンバーの人選は、ほとんどの場合、省庁の役人が行う。容易に想像できると思うが、役人たちは当然、自分たちと反対の立場に立っている学者は、最初から排除してしまう。自分たちと同じ考えを持つ学者か、さもなければ、毒にも薬にもならない、自分たちが意のままに操縦できそうな人間をセレクトする。

このとき、役人は「先生の意見をぜひ聞きたい」とおべっかを使う。当の学者たちも、政府の審議会に招かれれば自分のキャリアに箔がつくので、喜んで引き受ける。しかも、時給1万円前後の謝礼つきである。専門家でも何でもないのに、声がかかっただけで狂喜乱舞して、委員を引き受けてしまう人物もいるほどだ。

結果は、明白である。そのような学者たちで組織された審議会は、単なる役所の代弁機関の域を出なくなってしまう。もちろん、審議委員のなかには立派な方もおられるが、審議会が御用学者で溢れかえっていることは、否定できない事実である。当事者の一人であった筆者がいうのだから、間違いはない。

メディアにしたって、同じことだ。告白してしまうが、実は筆者は、財務官僚時代に御用学者の発掘やマスコミ対策を手がけたことがある。大新聞が似たような論調のときは、バックにはだいたい官僚がついているものだ。

役人がマスコミを洗脳する方法は、単純明快である。

まず、役人のほうからマスコミ各社に出向く。自分から取材に出かけることが多いマスコミ人は、それだけで恐縮してしまう。その際に、「内部資料」と称する資料を手土産に持参する。マスコミは自力でデータを調べることができないため、これがたいそう喜ばれる。もっとも、内部資料といっても、実態はマスコミ配布用にわざわざこしらえたものだ。

そして、携帯電話の番号やメルアドを教える。取材源の確保が何よりも重要なマスコミは、これで舞い上がってしまうのである。

実は、前述した審議会には「マスコミ枠」というものが設けられている。その枠に収まったマスコミは、「御用学者」と「洗脳されたマスコミ」の両方を兼ね備えたスペシャリスト人材、すなわち「究極の御用聞き」と化す。「アゴ足つき（食費・交通費つき）」の海外出張に、御用学者やアテンド役の官僚らとともに出かけ、1週間以上も寝食をともにするうちに、いつの間にか仲間意識が醸成される。このようにして、洗脳されたマスコミ、御用学者、官僚の強固なトライアングルが構築され、そこから大量のバイアスがかかった「お上の、お上による、お上のため」の情報が発信されるのだ。

では、大手マスコミに属さないフリーランスのジャーナリストなら公平性や独立性がまだ保たれているだろうと思いきや、最近はそうともいえないようだ。

元大手新聞記者の某氏などは、フリーランスのジャーナリストを自称していながら、驚くべきことに、本来なら彼が批判・論評すべき対象であるはずの「ゆうちょ銀行」の社外取締役に収まってしまった。

彼は某媒体で、社外取締役を引き受けた理由（言いわけ）を滔々《とうとう》と語っていたが、何のことはない。政府が間接支配する日本郵政に〝取り込まれた〟にすぎず、ゆうちょ銀行の広告塔としての役割を自ら買って出たようなものだ（ジャーナリストが、である）。

おおよその事情は察しがつく。単純に「ジャーナリストとして食えなくなりつつある」から、お上の庇護を受けることを選択したのだろう。彼は間違いなく否定するだろうが、他のジャーナリストから、こうした意見を何度も聞いたことがある。大手新聞の記者時代には、いい記事も書いていたが、フリーになってからは提灯持ちのような記事が多くなったようだ。

そもそも日本では、ジャーナリズム一筋で食べていくことは簡単ではない。フリーランスともなれば、なおさらだ。自分でコンテンツをつくり出せる〝作家性〟がなければ、ジャーナリスト業一本で生きていくことは難しく、その能力を持った人間などほんの一握りしかいない。

その意味では、某氏にも同情の余地はあるかもしれないが、それにしたって情けない話だ。竹中平蔵氏は、ことあるごとに「日本のマスコミやジャーナリズムはレベルが低すぎる」とあちこちで発言しているが、筆者もまったく同意見である。

第5章

この国を100年以上蝕み続ける“お上信仰”という病

「憎まれっ子世にはばかる」ではないが、一体、いつまで傲慢な官僚と無責任な政治家が“政策もどき”を打ち出し、それにマスコミが追従するという構図は続くのだろうか。ここまで論じてきた郵政問題はもとより、国益を大きく毀損することとなった「新国立競技場問題」も、すべては同じベクトル上の出来事だ。われわれに必要なのは、事の本質を事実に基づきロジカルに見抜く視点であることは言をまたない。

社会閉塞を自ら招く「人民は弱し、官僚は強し」観念

狡猾な官僚たちの餌食となった政策金融機関

筆者が小泉政権下で担当した改革は、郵政民営化だけではない。「政策金融改革」もその一つである。

政策金融とは、財務省の定義を借りれば、「公益性が高いものの、リスクの適切な評価等が困難なため民間金融機関のみでは適切な対応ができない分野において、融資や保証などの金融的手法によって政策目的を達成するもの」となる。これを行うための機関が、政策金融機関である。郵政民営化も困難の多い改革だったが、政策金融機関の改革は、それ以上にハードルの高いものであった。

郵政民営化と政策金融改革は、コインの裏表の関係にある。この二つは、金融システムのなかで、資金の調達サイド（郵便貯金と簡易保険）と運用サイド（政策金融）にあたる。郵政を民営化した以上は、政策金融機関にも改革が必要なことは明白だった。財投システムのなかで、資金を貸すほうの郵政をその枠組みから外したわけだから、借りるほうの政策金融機関をそのまま放置しておくわけにはいかないからだ。

当時、日本の政策金融機関は8機関あったが、既にその役割を終えて「不要」になっている機関が大半を占めていた。諸外国にも政策金融機関はあるが、日本のそれは数が多すぎだ。グローバルスタンダードは、「政策金融機関は一つで充分」というものなのだ。

そこで筆者らは、「政策金融機関として残すのは一つだけ。残りはすべて民営化」という方針を打ち出したが、これに財務省と経済産業省が猛反発した。なぜ反発したかはいうまでもないが、つまりは両省の官僚たちにとって、政策金融機関が天下りの〝巣〟になっていたからだ。官僚たちの抵抗は、郵政民営化のとき以上に激しいものだったが、このときもまた、小泉首相の「鶴の一声」で改革が実現する。

この改革方針を決定づけた経済財政諮問会議における小泉首相の迫力は、今でも語り草になっている。机を激しく叩きながら、「官僚の言いなりになるな！」と、谷垣禎一財務相（当時）と中川昭一経産相（当時）を厳しく叱責したのだ。そして2008年秋、政策金融機関は統廃合された。

政策金融改革のポイントは、組織をできるだけスリム化して機能を限定しつつも、いざというときには民間金融機関の力を借りて、天下り先をつくらずに業務拡大できるようにするという制度設計にあった。具体的には、各省がそれぞれ持っていた政策金融機関を一つに統合して組織をスリム化し（各機関が各省事務次官クラスの天下り先だったのを一つにする）、機能も直接融資から保証などの間接融資にするというものだ。その改革では、政策投資銀行や商工中金といった、財務省と経産省の事務次官の天下り先を完全民営化することも含まれていた。

こうした改革の結果、2008年10月には、5つの政策金融機関が統合した「日本政策金融公庫」が晴れて誕生。ようやく日本も「政策金融機関は一つで充分」というグローバルスタンダードに追いついた。

ところが2011年2月、ときの民主党菅直人内閣は、日本政策金融公庫から国際金融部門である「国際協力銀行（ＪＢＩＣ）」を分離・独立させる「株式会社国際協力銀行法案」を閣議決定し、国会に提出したのだ。ＪＢＩＣは、前述の改革で日本政策金融公庫に統合された政策金融機関の一つだが、それをわざわざ民主党は再び独立させることにしたのである。それだけでなく、筆者らが提案した日本政策投資銀行と商工中金の完全民営化にもストップをかけてしまった。

つまり、当時の民主党政権は、政策金融改革をすべて反故にしてしまったのである。民主党にも、自民党に負けず劣らず〝過去官僚（官僚出身の国会議員）〟が多く、官僚の言い分に理解がある議員が多い。自民党では党人派の「小さな政府主義」が相応の影響力を持っていたが、民主党内は「大きな政府主義」が幅を利かせている。

これは要するに、官僚の言いなりになりやすい議員が多いということだ。おまけに、民主党は政権運営に不慣れだった。その点を、狡猾な官僚たちに突かれた格好になってしまったといえる。

官僚のロジックは、おそらく「入口の郵政が完全民営化していないのだから、出口である政策金融機関も完全民営化しなくていい」というものだったのではないか。ともあれ、このようにして、民主党は財投の入口である郵政民営化だけでなく、出口である政策金融改革までひっくり返してしまった。

死にかけては甦るＵＲの〝ゾンビ性〟

率直にいって、日本には「不要」と思える公的機関がまだまだたくさん存在している。たとえば、ＵＲ（都市再生機構）がその一つだ。テレビなどで盛んにＣＭを流しているから、ご存知の方も多いだろう。ＵＲは、国土交通省所管の独立行政法人である。「都市再生機構」というと聞こえはいいかもしれないが、何のことはない。やっていることは、単なる不動産の賃貸や売買である。

ＵＲは、住宅不足を解消するため１９５５年に発足した「日本住宅公団」が前身になっている。その後、住宅不足が解消されて役割を終えたにもかかわらず、１９８１年に「住宅・都市整備公団（住都公団）」と名称を変えて存続された。１９９０年代後半には、分譲住宅の売れ残りが社会問題化して廃止が決定されたが、今度は都市開発に事業の重点を移し、「都市基盤整備公団」と改称して延命したのだ。

さらに、小泉政権下で廃止される予定だったが、２００４年に現在の名称に改められ、またしても生き延びることになった。死にかけては甦る、まさに〝ゾンビ〟のようなしぶとさと逞しさである。

ＵＲの事業といえば、マンションなどの賃貸住宅の建設、管理や、土地造成にともなう道路、公園、ビルなどの再開発、宅地造成のニュータウン事業などだが、どれをとっても、明らかに民間でできる事業ばかりで、政府機関が携わる必要性などまったくない。筆者は不動産業に精通しているわけではないが、おそらく三菱地所や三井不動産、野村不動産などの民間の大手不動産会社とやっていることは大差ないだろう。にもかかわらず、ＵＲには毎年、多額の税金が投入されているのだ。

低所得者や生活困窮者に対し、安く住宅を貸し出す、あるいは提供しているというならまだ存在意義があるといえるかもしれないが、しかし、そういった事業は、地方自治体が都営住宅や県営住宅という形で既に展開している。しかも、ＵＲの物件は、政府機関が関わっているにもかかわらず決して安いとはいえない。むしろ、高価な部類に入るといっていいだろう。

そのため、入居者の大半はそれなりの所得を得ている裕福な人たちだ。そこに税金が投入されているということは、すなわち富裕層に対して税金を使って補助しているようなものなのである。

なぜこのような機関が存続し続けているかというと、無論URもまた、官僚たちにとって〝おいしい天下り先〟の一つだからだ。とっくのとうに存在意義を失っているURは、即刻、廃止すべきか、あるいは完全民営化すべきである。

次々と〝復職〟を果たす元官僚たち

これまで再三にわたって述べてきたが、2009年の政権交代、すなわち民主党政権になってから、筆者らが全力を傾けて取り組んだ構造改革の数々が劣化させられてしまった。その結果、何が起きたかというと、官僚の〝復権〟である。そのことは、政府系金融機関のトップに、官僚OBが続々と返り咲きを果たしたことを見ればわかる（ちなみに、構造改革というと判で押したように「弱者切り捨て」というレッテルが貼られるが、実際には既存の構造では「強者が横行」することが、この件からもわかるだろう。さらにいうと、筆者はやはり構造改革と同列で語られる「新自由主義者」を標榜したことは一度もない。そういった〝イデオロギー〟には、まったく興味がない）。

前の項でも述べたが、政策金融改革は、郵政民営化と公的金融システムにおける資金調達と運用の関係、つまりコインの裏表であり、どちらの改革も小泉政権で実施された。調達部門の郵政（郵便貯金と簡易保険）が完全民営化されるのであるから、運用部門の政府系金融も当然スリム化が必要というロジックだ。

具体的には、日本政策投資銀行と商工中金は完全民営化、その他の各省ごとに存在していた政府系金融機関は日本政策金融公庫に統合された。それとともに、各省事務次官の天下り先になっていたそれぞれの機関のトップを、民間人にする方針となった。

ところが民主党政権は、ゆうちょ銀行とかんぽ生命保険の完全民営化を後退させ、事実上、再国有化したばかりか、政策投資銀行と商工中金の完全民営化を反故にし、一つに集約されていた日本政策金融公庫から国際協力銀行を分離したのだ。

当初はそれでも、日本政策投資銀行と商工中金、日本政策金融公庫、国際協力銀行のトップ4人は、それぞれ橋本徹氏（元富士銀行頭取）、関哲夫氏（元新日鉄副社長）、安居祥策氏（元帝人社長）、奥田碩氏（元トヨタ社長）という民間企業の出身者で構成されていた。

ところが、第二次安倍政権になってからというもの、2013年6月には商工中金社長に杉山秀二氏（元経済産業事務次官）、10月には日本政策金融公庫総裁に細川興一氏（元財務事務次官）、12月には国際協力銀行総裁に渡辺博史氏（元財務官）という、いずれも高級官僚が就任したのだ。

これらは、民主党時代からの民営化逆行の流れで起きた出来事であり、そのなかで、日本郵政初代社長の西川氏らが駆逐されたというのを見て、あまりにリスクが大きすぎるが故に、民間人のなり手がいなくなっているという事情がある。第一次安倍政権時、官僚と真っ向から対立したことが政権の命取りになったという意見もあったが、それ以上に民間人でやる気のある人を政府部門に引っ張ってこれなくなったことが、筆者は残念でならなかった。

民主党時代に、ゆうちょ銀行、かんぽ生命や政府系金融機関の制度的な位置づけが法改正（法改悪）され、郵政のトップには官僚ＯＢが就任した。第二次安倍政権が誕生してから、郵政のトップに再び民間出身者を据えて意地を見せたものの、政府系金融機関の人事では人材不足で民間人登用はできなかった。金融というジャンルでは極めて高度で専門的な知識が必要とされるため、はっきりいって、官僚ＯＢでは不的確かつ能力不足である。郵政、政策金融機関ともに、経験豊富な民間出身者のほうが望ましいのはいうまでもない。

唯一の救いは、日本政策投資銀行のトップに官僚ＯＢが就任しなかったことだ。筆者はてっきり、同行のトップにも官僚ＯＢが据えられることになると思っていた。なぜなら、官僚社会では「横並び」が一つの原則になっており、経済産業省にとっての商工中金と財務省にとっての日本政策投資銀行は似たような位置づけであるため、経産省OBの天下りだけを認め、財務省OBを認めないということにはならないはずだと思ったからだ。

ところが、同行トップの橋本徹氏（元富士銀行頭取）の後継者として総裁に就任したのは、生え抜きの柳正憲氏だった。この点は素直に評価したい。他の政策金融機関についても天下り路線ではなく、すべからく生え抜き、民間人経営者路線に転換すべきなのである。

〝天下り天国時代〟の到来

2009年の政権交代以降、日本郵政グループだけでなく、政策金融機関のトップにも続々と官僚OBが返り咲いたことは前項で述べた。

斎藤次郎元大蔵次官が日本郵政の社長に就任した際、（マニフェストで「天下り根絶」を掲げていた！）ときの民主党鳩山内閣は、その言いわけとして、「退官後、14年も経っている」と説明した。だから、「天下りには該当しない」というわけだ。

しかし、斎藤次郎氏は旧大蔵省を退官後、研究情報基金理事長や東京金融先物取引所社長を歴任しており、これらはいずれも財務省の天下り、渡りポストである。また、同時に副社長に就任した財務省OBの坂篤郎氏は、2005年に退官した後、農林漁業金融公庫副総裁、内閣官房副長官補、損保協会副会長というように、やはり財務省ポストの「渡り」をしている。

同じく副社長の総務省OBの足立盛二郎氏も、2002年に退官後、簡易保険加入者協会理事長、NTTドコモ副社長と旧郵政省ポストを渡った。両者は、それぞれ退官して4年と7年である。これらを天下りと呼ばずして、何と呼ぶのだろう。

そもそも天下りとは何かといえば、退官した官僚が再就職する際に、出身官庁（府省庁）からの斡旋や便宜を受けることをいう。つまり、自分の力による再就職ではなく、他者の力による再就職が天下りだ。斎藤次郎氏の場合、旧大蔵省がそのポストを斡旋したわけだから、これは完全なる天下りだ。なお、マスコミの一部には、「官僚の再就職」全般を天下りと呼んでいるところがあるが、「再就職」だけなら天下りとはいえない。当たり前だが、官僚でも再就職自体は自由である。

当時の鳩山首相は、天下りの際の官僚の常套句である「有能な人だから」「役所の影響力はないと役所が言っているから」という説明に終始した。この説明により、事実上、天下りや渡りは全面解禁になってしまったといえる。

「有能な人だから」「役所の影響力はないからと役所が言っているから」――これらの常套句をときの総理が認めた以上、その後の政権も、天下りや渡りを「もうダメ」とはなかなか言えなくなってしまう。前例ができたのを良いことに、霞が関の官僚は「日本郵政が良くて、どうしてこれがダメなのか」と詰め寄るに決まっているからだ。

このように民主党は、口では「天下り根絶」を叫びながら、天下りを解禁する方向に迷走してしまった。そして自分たちの行為を正当化するように、天下りに対する考え方を修正した。当時の民主党の国会答弁によれば、「府省庁による斡旋」には「大臣による斡旋」「OBによる斡旋」は含まれないのだという。こうした流れを逆向きにするのは、かなりのエネルギーが必要な仕事だ。なにしろ日本は100年以上も官僚主導国家なのだから。

コンプライアンスなき〝お上〟の現場

「官僚の無謬性《むびゅうせい》」という言葉がある。この言葉は、もともと「聖書の無謬性」から来ている。聖書の無謬性とは、聖書には「誤り」がないことを前提とする考え方だ。つまり「官僚の無謬性」とは、「官僚は決して間違えない」ということを前提とした考え方である。筆者も官僚だったからわかるが、確かに官僚組織は「無謬性」が前提になっているケースが多いように思う。

たとえば、民間企業でサービス残業があまりにも多すぎたり、給料の未払いが続いたりすると、それを不満に思った従業員が労働基準監督署に通報することがある。すぐに労働基準監督官が飛んできて、立ち入り検査を実施する。あまりにも悪質だと、刑事事件に発展して、経営者が罰せられることもある。

一方、官僚組織は超過勤務が常態化しているが、労働基準監督署が監査に入ることはない。事実上、ノーチェックであり、何らかの罰則が設けられているわけでもない。なぜなら、そもそも公務員は労働基準法の適用外だからだ。

この考え方のベースになっているのが、まさに〝無謬性〟である。つまり、官僚は決して間違えず、問題が起きてもすべて自分たちで解決できるという考え方が前提になっている。労働基準監督署がわざわざ指導したり摘発したりしなくても、自分たちの手で改善できるだろうという建前になっているわけだ。

しかし、実態は逆だ。さすがに給料が未払いになることはないが、官僚組織はサービス残業が当たり前の世界である。これが問題にならないのは、労働基準法が適用されないからだが、別の理由として、建前上は「残業していない」ということになっているためだ。

この手の話は、何も労働条件だけに限らない。第3章で述べたが、かつての郵便局では現金事故が絶えなかった。にもかかわらず、それが刑事事件に発展したケースはほとんどない。

この「官僚の無謬性」の背景にあるものは、「官僚は優秀」「官僚はエリート」という考え方だ。つまり、「官僚はそもそも優秀だから間違えるはずがない」というわけだ。しかし、皆さんもご存じの通り実際には間違いだらけだ。

たとえば、バブル崩壊以降の日本銀行の金融政策は、明らかに間違いだった。それを検証するのは本来、学者やマスコミの役目だが、日本銀行の政策は専門性が極めて高いため、誰もそれを指摘しなかった。そのため、バブル時から、日本銀行の政策はずっと正しかったという前提になってしまっていた。しかし、それが間違いだったことは、2013年からのアベノミクスによって証明された。

一般の人からは、官僚はすこぶる優秀な人たちに見えるかもしれない。そこに「自分より優秀な人が間違えるわけがない」というロジックの陥穽《かんせい》が存在する。しかし、物事というのは、何もかもすべて相対的に考えるべきだ。たとえ「自分より優秀な人」でも、もしかすると他の誰かから見れば「優秀ではない」かもしれないからだ。

たとえば、世界の中央銀行と比較したとき、日本銀行のレベルは正直かなり低いといわざるを得ない。

なぜか。世界どの国でもそうだが、中央銀行の施策、つまり金融政策の究極の目的は雇用の維持、拡大である。失業者のない社会の実現というものが、経済学の大目標だ。ヨーロッパでは、欧州社会党(Party of European Socialists、PES)や欧州左翼党(Party of the European Left、EUL)など左翼政党が、いずれも雇用確保のための金融政策の重要性を訴え、欧州中央銀行(ECB)にインフレ目標政策を働きかけてきた。つまり、インフレ目標政策は左派の政策といっていいだろう。

ところが黒田総裁以前の日銀は、かたくなにインフレ目標政策を拒んできた。〝失われた20年〟で失業率が高まったにもかかわらず。しかも、そういった左派的な政策を左派的なマスコミが批判するという、トンチンカンすらまかり通っているのだ。その意味でいえば、日本銀行が「間違える」ことは充分にあり得るということになる(しかも日銀レベルで間違いが起こると、「失われた20年」を見るまでもなくその代償は非常に大きい)。このことからも、「自分より優秀な人が間違えるわけがない」というロジックが、そもそもロジックたり得ていないことがわかるはずだ。

「官僚の無謬性」など、はなから存在しない。その幻想をつくり出しているのが官僚に巧みに操作されたマスコミ、そしてそれを自分の頭で考えようともせず、鵜呑みにしてしまう国民なのである。

進んでバーゲニングパワーを投げ出す愚挙

日本郵政グループの〝不完全民営化〟と政策金融改革の〝後退〟がもたらす影響は、決して小さくない。たとえば、日本郵政グループの民営化後退の影響として、毎年1兆円の国民負担が発生する可能性があることに加え、ゆうちょ銀行とかんぽ生命が抱える莫大な資金が市場原理の下で運用されないという弊害が挙げられる。さらにいえば、「ＴＰＰ（環太平洋戦略的経済連携協定）」発効後の帰趨にも、大きく影響してくる可能性がある（既に影響しているが）。

あらかじめ立場をはっきりさせておくと、筆者は、日本のＴＰＰ参加に賛成だ。理由は、自由貿易のメリットが得られるからだ。もちろん自由貿易にはデメリットもあるが、メリットがそれを上回る。これは経済理論的にも歴史的にも示されており、もしこれが否定されるなら、自由貿易反対論者にノーベル経済学賞が授与されるべきだろう。

ＴＰＰについて考えていくと、どうしたって郵政民営化の是非に行き当たる（もちろん問題はこれ以外にもたくさんあるが）。

これまでにも述べてきたが、現在の日本郵政グループは不完全民営化企業という代物だ。特に問題なのは、世界最大の金融機関であるゆうちょ銀行とかんぽ生命が、完全な民間企業ではないことだ。

繰り返しになるが、筆者が設計した当初案では、２０１７年9月末までにゆうちょ銀行とかんぽ生命の株式を売却し、完全民営化するはずだった。ところが、２０１２年の改悪案では、全株式の売却時期を示さず、いつまでも政府が株を保有し続けることを可能にしてしまったのだ。しかも、経営陣は官僚ＯＢばかりで、いくら民営化といっても中身は官僚組織、官僚の天下り機関そのもの。おそらく、他の先進国の政策担当者も同様のイメージを持っているだろう。

筆者は、郵政民営化の制度設計に際して、諸外国の関係者から話を聞いたことがあるが、そのときの彼らの反応からそう確信している。国内では大きな問題にならないと思っていても、海外では、各国の常識にそぐわないことは、よほど合理性がないと説得できない。TPPという枠組みで問われているのは、規制緩和や民営化などへの国のスタンスなのである。それがあいまいなままだと、交渉の場で足元をすくわれる可能性があるだろう。

特に、改正郵政民営化法が課した金融のユニバーサルサービスは先進国で例がほとんどないことや、金融2社について政府が事実上株式を持つことの2点は、アメリカなどから見ればかなり違和感があるに違いない。場合によっては、WTOに提訴されることだって考えられる。また、小泉政権で一度成立した郵政民営化法をわざわざ改正（改悪）したことも、諸外国にとっては絶好のつっこみどころになる。

つまり日本政府は、日本郵政グループの「再国有化」によって日本の「バーゲニングパワー」、すなわち対外交渉能力を自ら毀損してしまったのだ。

そもそも、かつての民主党の政策変更は、必ずしも民意を得ていない国民新党の意向を受けたものだった。国民新党は民意を失い、とっくのとうに解党している。一方で、民主党も下野している。だからこそ、いつの日か本当の民営化を実現するために、世界標準の民営化に戻してほしいものだと切に思う。

新国立競技場問題も改革退行もおかしなことには必ずワケがある

事実を丹念に追えば自ずと〝真実〟が見えてくる

ここまで見てきたように、郵政民営化のその後の迷走劇は、政治家の権力争いをものの見事にうまく利用し、一度は奪われた自分たちの省益をいかに取り戻すかという、官僚の狡知の賜物だ。もちろん、そこに無知な政治家が加担して迷走は勢いを増し、ついには郵政の〝再国営化〟という10年前には露ほども考えなかった事態に至った。われわれ国民は、そうしたところをきちんと見据えておかないと、必ずや「歴史は繰り返す」ということになってしまう。

現に一連のオリンピック絡みの問題がそうだ。2020年に、東京で夏季オリンピック及びパラリンピックが開催される。これはこれで喜ばしいことだが、この五輪開催に思わぬところからケチがついた。こじれにこじれて巷間を騒がせた「新国立競技場」の建設費高騰問題、そしてコンペやり直しという失態である。

この問題に足を取られる形で安倍内閣の支持率は急落したが、そもそもこの問題に関し、安倍首相にはまったく責任がなく、民主党時代の負の遺産を背負わされたと筆者は考える。では真の〝戦犯〟は誰なのか。元を辿ってみれば、自ずと犯人は見えてくる。

もともと東京都は、2016年の五輪開催を目指していたが、ブラジルのリオデジャネイロに敗れて招致に失敗した。そのときの計画では、メイン会場は晴海に「都競技場」として建設する予定になっていた。しかし、後にそれは白紙撤回される。では、どうなったかというと、既存の国立競技場を改築し、「新国立競技場」としてオリンピックのメイン会場に仕立てることが決定されたのである。

新国立競技場を建設するプランは、もともと民主党、自民党、公明党、みんなの党、共産党、国民新党、たちあがれ日本の各党所属議員からなる超党派の議連から持ち上がった。2020年の夏季オリンピック、パラリンピック招致のために、各党の議員らが政党の枠組みを越えて団結したのである。

2011年6月1日、衆議院文部科学委員会で質問を受けた民主党の高木義明文科相（当時）も、建設に前向きな答弁をしている。そして同年12月7日、参議院本会議で、2020年東京五輪決議が共産党以外の賛成で行われた。このとき、新国立競技場の建設に異を唱える人はほとんどいなかったのである。

そして2012年1月、民主党政権下の文部科学省は建設に向けた調査費を要求し、2012年度の政府案予算として1億円がつけられた。

文科省の資料には、「国立霞ヶ丘競技場の改築に向けた調査費【新規】（100百万円）」として、「建築後すでに50年以上が経過し、競技場そのものが老朽化している。また、本年成立した『スポーツ基本法』には、国際競技大会等の開催のために必要な施策を講ずることが国の役割として明記されており、開催が決定しているラグビー・ワールドカップ及び東京オリンピック招致を視野に入れた競技場の改築に向けての調査を行う」と書かれている。

このとき文科省は、フライングのミスを犯してしまった。2012年度予算の執行は2012年4月からになるが、その予算がまだ国会で成立していない2012年1月31日に、JSC（日本スポーツ振興センター）は「国立競技場将来構想有識者会議設置要綱」

を出し、2012年3月6日に、国立競技場将来構想有識者会議（第1回）を国立霞ヶ丘競技場で開催したのだ。

　この会議はJSCの会議だが、文科省も奥村展三副大臣を出席させるなど、相当な力の入れようだった。翌日の記者会見で、副大臣自身がフライングで有識者会議に出席したことを認めているほどだ。その記者会見でも明らかにされているが、なぜか会議は当時、非公開であった。

　この有識者会議には、森喜朗氏、鈴木寛氏、遠藤利明氏など与野党の大物政治家が出席している。他にも、石原慎太郎都知事（当時）、作曲家の都倉俊一氏、建築家の安藤忠雄氏らが名を連ねていた。

　そのメンバーのなかで、後に大問題に発展する〝建築〟についての専門家は、安藤氏ただ一人である。その安藤氏にしたって、もしかすると建設の経緯を充分に把握していなかったかもしれない。この後、安藤氏の下にワーキンググループが設置されたようだが、その会議も非公開になっており、誰が参加してどのような議論がなされたのか、筆者にはわかりようがない。

　ただ、森氏ら与野党の有力政治家が出席していたからか、文部科学省の官僚やJSC関係者が「予算は問題ない」と、大船に乗った気分になったであろうことは容易に想像できる。結局、民主党政権下において、有識者会議は第3回まで開催された。

新国立競技場は結局バカな政治家と官僚の合作

役人の世界では、調査費が予算化したら、基本計画は事実上決まったようなものだ。そのためか、第2回~第3回の有識者会議と並行する形で、国立競技場の基本計画や都市計画などが策定され、このときIOC（国際オリンピック委員会）への立候補ファイルも作成されている。

それと同時進行的に2012年7月にコンペが実施され、4カ月後には新国立競技場のあの斬新な2本のキールアーチ構造のデザインが決定された。いずれも、すべて民主党政権時代の話である。この段階までで、新国立競技場改築の方向性はほとんど決まっていたといっていいだろう。

このときのコンペは、「1300億円程度の総工費」という条件で実施された。ところが、この金額の根拠として想定されたのは「日産スタジアム」だったというが、同スタジアムの総工費は700億円弱だ。

つまり、積算がまったくのデタラメなのである。無論、なぜそうなったのかは筆者も皆目見当がつかない。予算というものは守るのが普通であるが、よしんば景気回復によって工事費、資材費が高騰したとしても、せいぜい「700億円が1000億円くらいに膨らんでしまいました」が常識的なラインであろう。

そもそも民主党政権下の第1~3回の有識者会議が未公開で、会議資料すらないというのは問題外だ（本書執筆段階では、ネット上では、情報公開請求に基づいて開示された議事録を見ることはできる）。一方で、政権交代後（第二次安倍政権）の第4回~第6回の有識者会議の資料はちゃんと公開されている。ただ、結果から見れば、当初のデザインにあった競技場屋根の特殊なキールアーチ構造のせいでコストが倍に跳ね上がっている。そのため、なぜ初期段階で、この特殊構造のコストを見抜けなかったのかと追及されても仕方がないだろう。

おそらくは、デザインが決まり、具体的な設計に入ってからコストが格段に跳ね上がることに気がついたのではなかろうか。つまり、初期段階での有識者会議に総工費を計算できる専門家が不在だったことが、この問題を大きくした原因だといえる。それがつまずきのすべてだ。

これに長く関わってきた文科省、JSCの責任は免れないだろう。なお、いうまでもないが、JSCは文科省の天下り先の一つだ。また有識者会議の議長を務めた佐藤禎一氏は元文科省事務次官である。文科省が新国立競技場建設にいかに力を入れていたか、この人選からもうかがい知れよう。

筆者の知り合いにも建築関係の人間が少なからずいるが、2本のキールアーチ構造について、彼らは「巨大な橋を陸の上に建造するようなものだ」と話していた。つくろうと思えばつくることはできるが、橋は川や海の上に架けるものなので構造物を運びやすいが、陸上で、しかも都心の真ん中で同じことやるとコストが跳ね上がるという。

新国立競技場のような問題が噴出すると、すぐに「政治家が」「利権が」云々という議論になりがちだ。ただ、この件の経緯を追うと、文科省、JSCがきちんとコスト計算できなかっただけという単純ミスの構造が透けて見えてくる。もちろん、それに一枚嚙んだ政治家がいることも確かだから、両者のミスの合作によって生じた問題といえるだろう。

筆者の感覚では、政治家はきちんとした専門的なコスト計算が苦手だ。しかも、当初の段階から、新国立競技場のコスト問題は一部の専門家には意識されていた。いずれにしても、民主党政権時代に、もっと情報を公開していれば、多くの人々が関心を持ち、早期の段階で問題点を指摘できたのではないだろうか。そうでなくても、今ある問題の根源は一体どこにあるのか、それを見る努力もせずに、起きてしまった問題を批判するだけでは何も生まないことを肝に銘じるべきである。

マスコミを信じるとバカを見る

筆者はマスコミ関係にも知人や友人が多いので、批判するのは心苦しいが、それでもあえていわせてもらおう。第4章で触れた「御用メディア」を含めて、日本のマスコミは問題だらけである。

筆者が思うマスコミの最大の問題点は、自分で一次情報やデータをあたって調べられないことだ。なぜ調べられないかといえば、単に調べる能力がないからである。たとえば、政府の予算書は数千ページの分量に及ぶ。それに目を通すのがイヤだから、代わりに記者たちは財務省のレクチャーを受け、官僚が「マスコミ用」にまとめた資料を丸呑みして、記事を作成したり報道番組を制作したりするのだ。

極端な言い方をすれば、これは財務省による一種の情報統制である。政府機関による情報統制は、本来ならマスコミが批判すべき事象だが、むしろマスコミはそれを喜んで受け入れてしまっている。

筆者は首相官邸で仕事をした経験がある数少ない官僚の一人だ。誓って断言できるが、官邸自体が情報統制をしたりテレビ局に圧力をかけたりする場面を見たことがない。情報統制を行っているのは、資料・データのあまりない官邸というより、むしろ資料・データの豊富な省庁の官僚たちのほうである。

筆者が財務官僚だった時代、省内では密かに「マスコミの脳は小鳥の脳。サイズに見合った情報だけ与えておけばいい」と、マスコミをバカにしていた。前述のように予算書の「一部」さえ読むことなく記事を書いたりニュース原稿をまとめたりするのが日本の記者の実態だから、省内で囁かれていたこの言葉もあながち間違いとも言い切れない。

第4章でも述べたが、財務官僚時代に、筆者はマスコミ対策を担当したことがある。大新聞が似たような論調のときには、その背後にはだいたい官僚が控えているものだ。財務省にいたときの実話だが、ある政策キャンペーンを行った際、財務省の課長クラス以上に対して、各紙の論説委員クラスやテレビ局のコメンテーターに根回しして、どのように書かせ、発言させるかを、競わせたことがあった。出世競争に影響する可能性もあったため、各課長は必死だった。翌日の大新聞は、ほぼ全紙が同じ論調だった。

マスコミ対策についての「反省会」のような正式な会議があったわけでなかったが、別件の会議の冒頭などで、「○○新聞がもっとも良く書けているな（＝財務省の言いなり！）」などという具合に、財務省幹部が談笑している光景を何度も目撃したことがあった。

これは退官後の話だが、２０１０年7月の参議院議員選挙では、「消費税増税」が一つの争点となった。増税といえば、財務省が何が何でも実現したい政策である。その選挙戦の最中のある日の大新聞の社説は、どこも「消費税増税」を歓迎する論調でまとめられていた。筆者の経験からいわせてもらえれば、大新聞がこぞって「消費税増税を歓迎」する社説を掲載した背景には、おそらく財務官僚のレクチャーや根回しが強く影響しているに違いない。財務省の意向を、日本の言論機関はそのまま掲載したのだ。

筆者がテレビの報道番組などに出演してコメントするときは、すべて証拠に基づいている。テレビ番組に出て「なぜあのような発言をしたのか」と尋ねられても、必ず該当するデータや事実を提出して答えることができる。これはテレビで話そうと、雑誌に掲載しようと変わらない。

反対に財務省時代には、テレビのコメンテーターの発言が事実と異なるので、データを示して問い合わせをしたことがある。事実であれば「Ｙｅｓ」、事実でなければ「Ｎｏ」で謝ればいいだけの話だが、ほとんどのコメンテーターは適当にごまかして返答しなかった。感情だけで話しているのであろう。まったく楽な仕事ではないか。

証拠に基づかない日本のマスコミに「公平中立な番組（記事）制作」を期待することは難しい。コメントする側も、テレビ番組に出演して自分の好きなように発言できると考えている節があるが、そんなことはありえない。スポンサーの制約や時間の制限があるから、コメントが途中でカットされることや、場合によってはお蔵入りするケースも珍しくないのである。

筆者にしたって、主張を自由に述べる媒体はあくまでも個人名で責任を取れる著書や雑誌、ブログ、ツイッターなどである。テレビ番組で語る内容は、本や論考の一部分を披瀝するだけだから、基本的に新しいネタはない。これはテレビを視聴する側もある程度、割り引いて見たほうがいいと思う。

出演を頼むテレビ局も本などを読んで出演を依頼するわけだから、自ずと限界が生じる。限られた時間と設定の範囲でコメントを流し、視聴率によって番組の方向性が決まるのがテレビであるから、一種の「そういうシステム」として割り切って接することが視聴者としても賢明だろう。

官僚は「頭がいい」から仕事ができない！

一般論として、日本人の多くは「官僚は優秀」だと思っている。実際、官僚の中の官僚と呼ばれる財務省の官僚は、「日本一の頭脳集団」と呼ばれることもあるほどだ。確かに、官僚は頭脳は優れているかもしれないが、そのことと「仕事ができる」こととは、ここまで見てきた通りあまり関係がない。

役人時代にある仕事を担当していたとき、当然のことながら役人を部下につけてもらったことがある。この役人というのが、信じ難いほど仕事ができない人物だった。筆者が指示した仕事を何一つまともにこなせないので、最終的には、「連絡係」に徹してもらった。この役人がたまたま無能な人物だったわけではない。筆者にいわせれば、基本的に、役人はおしなべて仕事ができないのだ。

なぜ役人は仕事ができないのか。それは「頭がいい」からである。なぜ「頭がいい」と、仕事ができないのか。それは「御託を並べるのが得意」だからである。

何をするにしても、役人はまず御託から入る。口ばかり動かして、手と足を動かそうとしない。しかも、トライする前から「できない」と口にしがちだ。できる理由を見つけることはやらないが、できない理由を見つけるのは得意中の得意なのである。急を要する仕事であっても、御託ばかり並べて手をつけようとしない。彼らと仕事をしているとき、筆者は「四の五の言っている間に、さっさと始めてくれればいいのにな」とウンザリすることが多々あった。

一方で、役人は人に命令することは大好きだ。より正確な言い方をすると、官僚以外の、たとえば、民間の経営者やビジネスマンを見下したり、彼らに威張り散らしたりすることが大好きなのだ。役人は、常に「上から目線」で高圧的である。それに加えて「官僚は優秀だ」という風潮があるわけだから、官僚が増長するのも仕方ないのかもしれない。官僚をつけあがらせているのは国民だともいえよう。

そうした結果、官僚は民間人とは真逆の論理で動くのである。

変化が激しい現代社会において、ビジネスの現場では何事にもスピードが求められる。そのような世界に身を置いているからだろう。民間人は官僚と違って、御託を並べる前にさっさと仕事を始めてしまう。もちろん、民間のビジネスマンであっても、何かにつけて御託から入る人はいる。それでも、10人いたら10人全員ということはまずない。対照的に、官僚は10人中10人が御託から入る。

また、民間人は顧客や取引先を見下したりしない。「上から目線」などもってのほかだ。基本的に「下から目線」だ。上から目線で対応していたら、大事な顧客を失いかねないし、場合によっては、会社からクビを切られる可能性だってある。一方で、よほどのことがない限り、役人や官僚はクビにならない。この違いは極めて大きい。

日本郵政グループは、実質的に官僚OBが主要ポストの座についている。つまり、「仕事ができない」元官僚たちが経営の実権を握っているわけだ。しかし、仕事ができない〝経営者モドキ〟である彼らに企業経営などできるはずがない。たとえば、企業経営では「未来を予測する力」、すなわち先見性の有無が重要になるが、官僚にその能力があるかといえば、もちろん「Ｎｏ！」だ。

「産業政策」という言葉を聞いたことがあるだろうか。これは、政府や官僚が、次に日本を牽引するであろう成長産業部門を選び、優遇措置によってその産業に補助金などを投入することで保護し、育成する政策のことだ。ちなみに、海外で「産業政策」に相当する言葉や概念は存在しない。

断言できるが、官僚に成長戦略など描けるはずがない。筆者が小泉政権下で仕事をしていたとき、「成長戦略をつくってくれないか」とたびたび依頼されたが、すべて断っていた。理由を聞かれたら、「どの分野が成長するかなんて、私にはわかりません。わからないことはできません」と答えていた。ビジネスの経験が皆無の一介の官僚に、成長産業など予測できるはずもない。

にもかかわらず、経済産業省の官僚はせっせと「産業政策」をこしらえている。もし成長産業があらかじめ予測できるのであれば、官僚をやめて、その世界に飛び込んだほうが合理的だ。しかし、退官して成長産業に転職した官僚など、ほんの一握りしか存在しない。それは一体なぜか。「成長産業など予測できない」ということを、産業政策をまとめている当の官僚たちが重々承知しているからである。

私たちは社会をどのように見るべきなのか？

「お上信仰」が強く根づいているからか、あるいは、「結果の平等性」を強く求める国民性だからか、日本人はとにかく、必要以上に公的な関与を求めたがる民族だ。多少、論理の飛躍があるかもしれないが、「公的な関与が強い」ということは、「大きな政府」を意味する。生来の性質として、日本人には大きな政府が好きな人が多いのだろう。

しかし、である。大きな政府を維持するには、相応のコストがかかる。そのコストとは、主に税金だ。不思議なことに、日本人の多くは公的な関与が大きい、すなわち政府部門が大きくなればなるほどコストは安くなると思っている節があるが、それは大間違いだ。むしろ、コストは高くつくのである。

かつての郵便貯金がいい例だ。郵便貯金が民間の銀行預金より有利だったのは、「ミルク補給」という形で税金が投入されていたからにほかならない。日本には他にもいろいろと、公的な主体が関わっていることで、さまざまなサービスを安く利用できる例があるが、それも税金が投入されているからだ。郵政は、直接補助金をもらっていないので、税金投入はないと説明してきたが、高い金利という形で間接的に税金が投入されてきたのは、本書でも縷々《るる》述べたところである。

国民が「平等性」を強く求めるようになると、ロクなことが起こらない。「民営化すると営利を追求するようになるから、山間部や僻地など採算がとれない地域の郵便局が閉鎖されてしまう。だから民営化すべきではない」というような話に発展し、結局、公的部門を肥大化させるためのロジックに使われるからだ。そのロジックが特殊法人設立に利用され、結果として、天下りなどで甘い汁を吸う輩が跋扈《ばっこ》するようになってしまう。

何度もいうが、郵便局の数は〝国営化〟時代から減っており、むしろ〝民営化〟時代に横ばいに転じているのだ。また、地域住民の大事な資産がずさんな管理下に置かれていたのも国営化時代の話である。

もちろん筆者は、公的サービスのすべてを否定しているわけではない。警察や消防、裁判所などは、公的な機関が関与すべき性質の業務である。それを認めたうえで、民間でできるものは民間に任せるべきだというのが筆者の考えだ。公的な主体が関わる必要がない業務は、市場原理の下で運営したほうがコストは安くなり、不特定多数の人々にメリットをもたらすのだ。

公共経済学の有名な定理の一つに、「もし業務をマニュアル化できるのであれば、それは公的主体ではなく民間主体でもできる」というものがある。たとえば、日本郵政グループが提供しているサービスは、どれもマニュアル化できるものばかりで、そこに公的な主体が関わる必要はまったくない。これは筆者独自の理論でも何でもなく、公共経済学で明らかにされている常識なのだ。

日本人の多くはその常識を知らず、公的な主体が関わったほうがいいと思い込んでいる空気がある。しかし、その発想は完全に間違いだ。公共的なサービスであっても、基本は民間主体でやり、それでもできなければ補助金を民間に入れればいい。公的主体でサービスを行うのは最後の手段である。

これまで再三にわたって述べてきたが、役人や官僚に経営的な手腕はまったく期待できない。彼らに市場経済を任せてしまうと、いわゆる〝親方日の丸経営〟になってしまう。倒産する心配がないので、経営は必然的にずさんになる。役人や官僚にお金や裁量を与えるくらいなら、いっそのこと、すべての民間企業に補助金を交付したほうがいい。そのほうがはるかに効率は良くなるだろう。

日本人はいいかげん〝お上信仰〟、すなわちお上に甘える受け身の姿勢から脱却すべきである。受け身ではなく、自分で考えて自律すること、そして、市場原理に基づいた物事の考え方を会得することが必要だと筆者は考えている。

結局「郵政民営化」とは何だったのか？

本書で挙げてきた事例を見るまでもなく、官僚は常に〝省利省略〟を第一に考え行動する。これを突き崩して現状を変革するのは、想像を絶するパワーと知恵が必要だ。小泉政権下で筆者らが行った郵政民営化は、筆者が官僚の特徴をきっちりととらえて進言し、それを竹中平蔵氏が理路整然とした政策へと昇華させ、最後は小泉純一郎首相の実行力で、形にすることができた。逆にいえばそうした四方八方、あの手この手で抵抗勢力を逐一撃破していかなければ、改革などは到底なし得ないということだ。

もちろん郵政民営化はあくまで政治マターだ。官僚がどう思おうが、最後は政治家が決めなければ事はまったく進まない。これは他の改革でも同様である。

そうした真の民営化改革を進めるには、先ほども触れたように膨大なエネルギーが必要となってくる。政治家として、それこそ政治生命を懸けるくらいでないとできないだろう。しかも、だからといって必ずしも票につながらない。残念ながらこんなことをできる政治家は今、ほとんどいないだろう。

だが、筆者が思うに、将来、筆者が設計した理想的な郵政の完全民営化を実現できるかもしれない政治家が一人だけいる。それは小泉ジュニア、進次郎氏だ。〝親の敵〟というようなウェットな感情からだけではなく、彼は民営化の意味をきちんととらえている。進次郎氏が総理大臣になれば、また時代は変わるのかもしれない。

あるいは無論マスコミ等も含む国民一人ひとりが、感情論、イデオロギー論争に流されることなく、常に頭を使い事実に基づきながら物事の本質を見抜くような体質になれば、新たな改革の道筋も見えてくるかもしれない。そうすれば、口先だけの民主主義にとどまらず、たとえば選挙における一票は極めて大切だということに気づくであろうし、自らが主体的に行動することもできるようになるだろう。そういった人たちが増えていけば、きっとこの国もより良い方向へと変わっていくはずだ。いや、そうならなくてはならないのである。

【著者】
髙橋洋一　（たかはし・よういち）
嘉悦大学教授、株式会社政策工房会長。1955年東京都生まれ。都立小石川高等学校（現・都立小石川中等教育学校）を経て、東京大学理学部数学科・経済学部経済学科卒業。博士（政策研究）。1980年に大蔵省（現・財務省）入省。大蔵省理財局資金企画室長、プリンストン大学客員研究員、内閣府参事官（経済財政諮問会議特命室）、内閣参事官（首相官邸）等を歴任。1990年代に「財投改革」に携わった後、小泉内閣・第一次安倍内閣ではブレーンとして活躍。「郵政民営化」の制度設計、「政策金融民営化」、「霞が関埋蔵金」の公表や「ふるさと納税」「ねんきん定期便」など数々の政策を提案・実現してきた。2008年退官後、現職。

協力／野田泰弘（有限会社ルーベック）、陶木友治

日本郵政という大罪

2015年11月2日　第1刷発行

著　者　髙橋洋一
発行者　唐津　隆
発行所　株式会社ビジネス社
〒162－0805　東京都新宿区矢来町114番地　神楽坂高橋ビル5F
電話　03－5227－1602　FAX 03－5227－1603
URL　http://www.business-sha.co.jp/

〈カバーデザイン〉金子眞枝　〈本文DTP〉茂呂田剛（エムアンドケイ）
〈印刷・製本〉モリモト印刷株式会社
〈編集担当〉大森勇輝　〈営業担当〉山口健志

ISBN978-4-8284-1847-6